中国地震科学考察报告

—— 2021年9月16日四川泸县6.0级地震

Report of Earthquake Scientific Investigation in China

中国地震局地震预测研究所 ◎ 编

指导单位 ◎ 中国地震局科技与国际合作司

地震出版社

图书在版编目（CIP）数据

中国地震科学考察报告.2021年9月16日四川泸县6.0级地震/中国地震局地震预测研究所编.—北京：地震出版社，2022.12
ISBN 978－7－5028－5479－9

Ⅰ.①中… Ⅱ.①中… Ⅲ.①地震学—考察报告—泸县—2021 Ⅳ.①P316.2

中国版本图书馆CIP数据核字（2022）第163155号

地震版 XM5181/P(6309)

中国地震科学考察报告——2021年9月16日四川泸县6.0级地震
中国地震局地震预测研究所◎编

责任编辑：郭贵娟 刘素剑
责任校对：鄂真妮

出版发行：地震出版社

北京市海淀区民族大学南路9号　　　　　邮编：100081
发行部：68423031　68467993　　　　　传真：68467991
总编办：68462709　68423029
编辑室：68467982
http://seismologicalpress.com
E-mail:dz_press@163.com

经销：全国各地新华书店
印刷：河北文盛印刷有限公司

版（印）次：2022年12月第一版　2022年12月第一次印刷
开本：787×1092　1/16
字数：166千字
印张：9.25
书号：ISBN 978－7－5028－5479－9
定价：78.00元

版权所有　翻印必究

（图书出现印装问题，本社负责调换）

地震科学考察指挥部

指 挥 长：张晓东　江小林
副指挥长：丁志峰　李　营

地震科学考察工作组

孕震构造环境研究工作组组长：李永华　李大虎
地震发展构造研究工作组组长：孙浩越　李文巧　鲁人齐
震源参数精准测定工作组组长：蒋长胜　王未来　赵翠萍
序列特征与区域地震危险性研究工作组组长：赵翠萍
震中及周边地区构造地球化学探测工作组组长：陈　志
强地面运动场观测工作组组长：孙柏涛　马　强
震害现场调查与震害机理分析工作组组长：孙柏涛　林均岐

地震科学考察参与单位

中国地震局地震预测研究所	四川省地震局
中国地震局地球物理研究所	中国地震台网中心
中国地震局地质研究所	重庆市地震局
中国地震局工程力学研究所	广东工业大学

参与地震科学考察的人员名单

(按姓氏笔画排序)

丁志峰　马　超　马　强　王书民　王未来　王　龙　王宇欢　王现伟
王　林　王　洵　王晓青　太龄雪　尹凤玲　尹欣欣　左可桢　石　磊
田文君　刘玉法　刘兆飞　刘金龙　刘峰立　刘雪华　江小林　江宁波
汤　毅　祁玉萍　孙汉荣　孙柏涛　孙浩越　孙翔宇　孙　稳　苏淑娟
杨　程　杨　耀　李大虎　李文巧　李永华　李　伟　李红蕾　李继龙
李　萱　李雪浩　李静超　来贵娟　吴微微　何玉林　何思源　张　贝
张　龙　张　达　张克诚　张　兵　张国霞　张　威　张彦博　张致伟
张晓东　张瑞青　陈正位　陈　石　陈　志　陈明飞　陈相兆　陈洪富
陈　聪　邵　乐　林均岐　易桂喜　罗　钧　周连庆　周晓成　郑晨禾
孟国杰　赵　航　赵翠萍　赵　影　胡朝忠　侯红语　娄良琼　洪顺英
宫　悦　徐超文　徐　锐　高　咪　郭祥云　陶冬旺　崔腾发　梁明剑
董彦芳　蒋长胜　鲁人齐　詹　艳　解全才　窦爱霞　熊仁伟　翟鸿宇

摘 要

本次地震科学考察取得以下发现和认识：泸县6.0级地震的实际深度处于4km左右，多数余震集中于5km浅范围内。主震位于重磁异常和高低速异常分界线以及大地电磁高、低阻边界带附近。震源体下方存在明显的低速异常分布，使得上覆地层更容易积累应变能，当达到介质强度极限时发生破裂，引发强震。地震发生在北东向华蓥山褶断带内部，发震构造与震中附近的华蓥山褶断带西支断裂及附近已知的地表断层几何结构不一致。主震震源机制为逆冲型，余震区存在多条断层同时活动，震前具有少量前震活动，余震频次低、强度弱，呈现具有少量前震的孤立型地震序列特征。地球化学观测分析认为地震的发生与四川盆地内大型北西向断裂的构造活动无关，而可能与区域强构造挤压背景下局部应力的释放有关，且地震的发生促进了震中附近北西向浅层隐伏断裂带气体的释放。地震造成的大量房屋严重内伤，加重了灾后恢复重建的难度，提高了恢复重建的成本。建议在恢复重建中，要切实提高区域抗震设防水平和房屋建筑的抗震能力，提高学校、幼儿园、医院等重点目标建筑物设防标准，加强建筑物附属设施和非结构构件的抗震能力，有效减少震后因破坏和坠落造成的人员伤亡。

序　言

2021年9月16日04时33分在四川泸州市泸县发生6.0级地震，震中位于105.34°E、29.20°N，震源深度10km。地震发生后，应急管理部、中国地震局和四川省委、省政府高度重视，就做好此次地震抗震救灾工作做出重要指示。中国地震局科技与国际合作司组织局属研究所和四川省地震局等单位按地震科学考察（简称"科考"）预案，编制地震科学考察工作方案，启动四川泸县6.0级地震科考。

此次地震科考工作主要围绕以下四个科学问题开展：①地震发震构造和构造变形机制如何？②孕震环境和震源过程的认识？③地震序列演化特征和区域地震危险性评估；④强地面运动场、工程震害特征与破坏机理的情况？尤其要关注泸县地震震源机制结果与区域主要构造带不协调、震源深度浅等问题。

此次地震科考在孕震构造环境、发震构造、震源参数精准测定、序列特征与区域地震危险性、震中及周边地区构造地球化学探测、强地面运动场观测和震害现场调查与震害机理分析等方面取得了发现和认识，以中国地震科学实验场和地震科学数据共享中心为平台进行数据共享，推出该次地震的统一数据集，中国地震科学实验场运行部门在实验场门户网站设立"泸县6.0级地震"授权访问专栏，提供科考原始观测数据、数据产品和科考研究报告目录访问共享服务，非涉密产品、研究报告和成果提供在线服务，原始观测数据和涉密数据提供离线共享服务。

在地震科考工作中，四川省地震局、中国地震局地球物理研究所、中国地震局地震预测研究所等单位震区布设的部分流动测震观测站和地球化学观测站，为此次科考提供部分基础观测资料。开展地震"解剖"研究，地震之前所做的基础性工作越充分，震后科考所得到的科学信息就越可靠、越有价值。随着观测技术的进步和开放合作，使一些情况下的"虚拟科考"成为现场科考的重要补充。2020年对伽师地震、于田地震进行了"虚拟科考"的尝试，效果很好。

"虚拟科考"强调资料的收集，充分利用已有的研究成果，往往可以成为现场科考的先导。

此次地震科考提供了对一些发展之中的技术手段进行能力评估并改进的很好的机会，其中"硬科技"方面如人工智能技术的应用，"软科技"方面如地震科考预案的制定和改进。同时也检验了面向业务化的地震科考的组织体系和队伍编成，以及震后应急响应协同、前后方双指挥长、信息报送等工作机制，为后续地震科考实施提供借鉴经验。

2022 年 7 月 18 日

目　　录

第一章　2021年9月16日四川泸县6.0级地震科学考察总报告　1

一、地震基本参数　2

二、孕震环境　3

三、发震构造　5

四、震源参数精准测定　6

五、InSAR形变场　6

六、序列特征与区域地震危险性研究　8

七、地震地球化学观测　9

八、工程震害特征　11

九、地震科考现场工作　12

第二章　四川泸县6.0级地震孕震构造环境研究专题总结报告　23

一、工作概况　25

二、现场工作　26

三、数据获取情况　27

四、研究分析成果和新认识、新发现　28

五、小结　39

第三章　四川泸县6.0级地震发震构造研究专题总结报告　41

一、工作概况　43

二、现场工作　45

三、数据获取情况　46

四、研究分析成果和新认识、新发现　47

五、小结 ……………………………………………………………………… 61

第四章 四川泸县6.0级地震震源参数精准测定专题总结报告 …………… 63

一、工作概况 …………………………………………………………………… 65
二、现场工作 …………………………………………………………………… 66
三、数据获取情况 ……………………………………………………………… 67
四、研究分析成果和新认识、新发现 ………………………………………… 67
五、小结 ………………………………………………………………………… 74

第五章 四川泸县6.0级地震序列特征与区域地震危险性研究专题总结报告 ……………………………………………………………… 75

一、工作概况 …………………………………………………………………… 78
二、数据获取情况 ……………………………………………………………… 91
三、研究分析成果和新认识、新发现 ………………………………………… 91
四、小结 ………………………………………………………………………… 93

第六章 四川泸县6.0级地震震中及周边地区构造地球化学探测专题总结报告 ……………………………………………………………… 95

一、工作概况 …………………………………………………………………… 97
二、现场工作 …………………………………………………………………… 98
三、数据获取情况 ……………………………………………………………… 99
四、研究分析成果和新认识、新发现 ………………………………………… 100
五、小结 ………………………………………………………………………… 106

第七章 四川泸县6.0级地震强地面运动场观测专题总结报告 …………… 109

一、工作概况 …………………………………………………………………… 111
二、数据获取情况 ……………………………………………………………… 112
三、研究分析成果和新认识、新发现 ………………………………………… 115
四、小结 ………………………………………………………………………… 118

第八章 四川泸县6.0级地震震害现场调查与震害机理分析专题总结报告 …… 119

一、工作概况 …… 121

二、现场工作 …… 122

三、数据获取情况 …… 122

四、研究分析成果和新认识、新发现 …… 130

五、小结 …… 131

第一章

2021年9月16日四川泸县6.0级地震科学考察总报告

2021年9月16日04时33分，四川泸州市泸县（29.20°N，105.34°E）发生6.0级地震，震源深度达10km。泸县总人口约106.266万，面积为1532km²，平均人口密度为693.64人/km²；城区人口约12万，面积约13.21km²，人口密度约9084人/km²。地震发生后，应急管理部、中国地震局高度重视，就做好此次地震抗震救灾工作作出重要指示。中国地震局科技与国际合作司立即组织编制地震科学考察工作方案，启动四川泸县6.0级地震科学考察（简称"地震科考"）。此次地震科考工作组由中国地震局地震预测研究所、四川省地震局、中国地震局地球物理研究所、中国地震局地质研究所、中国地震局工程力学研究所、中国地震台网中心、重庆市地震局、广东工业大学等单位的124名多学科专家组成，其中派出37名专家赴泸县地震科考现场。工作报告如下。

一、地震基本参数

中国地震台网速报给出的震源深度是由初动震相给出的地震破裂起始位置，通常用表示地震破裂能量最大位置的地震矩心深度来代表地震的实际深度，如图1-1所示。泸县6.0级地震发生后，中国地震局地震预测研究所人工智能EarthX系统和罗钧博士分别给出的矩心深度为4.3km和4.8km，四川省地震局易桂喜研究员给出的矩心深度为3.5km，地球所蒋长胜研究员给出的矩心深度为3.3km，日本产业技术综合研究所雷兴林教授给出的矩心深度为3.6km。因此，泸县6.0级地震的实际深度为4km左右。余震序列深度统计结果也表明，多数余震集中于5km浅范围内。

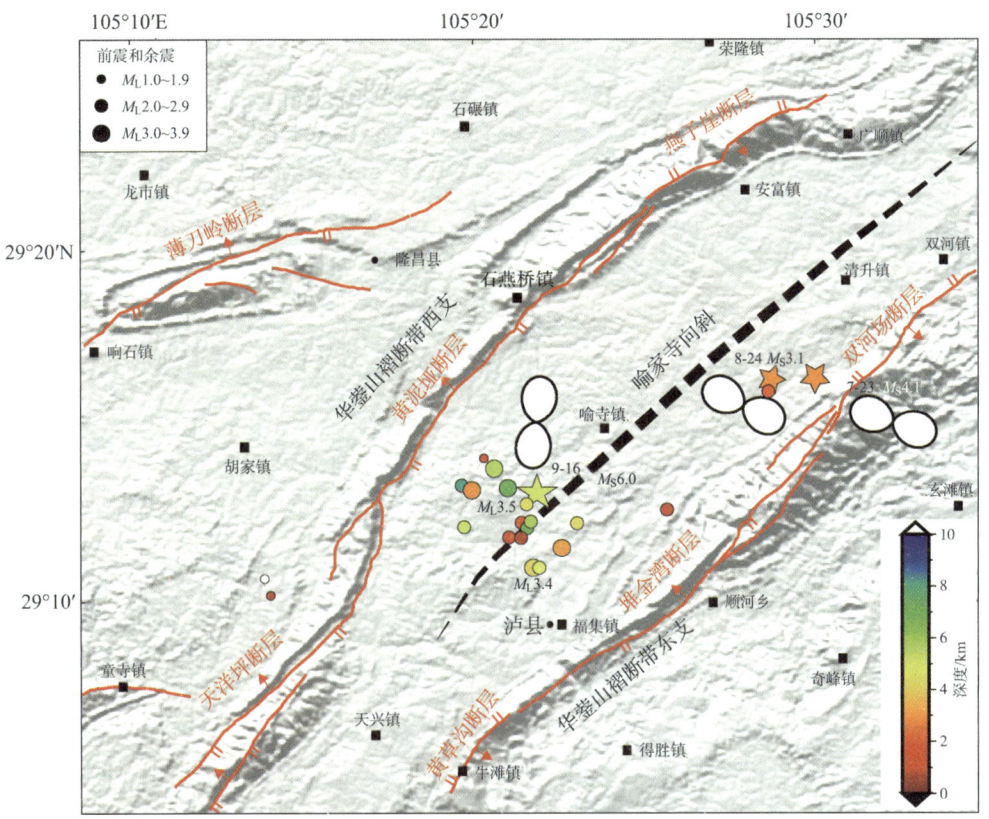

图 1-1 7月23日泸县4.1级地震、8月24日泸县3.1级地震和
9月16日泸县6.0级地震应变花样

图中，彩色圆点代表6.0级地震序列中重新定位的地震震中。

二、孕震环境

基于泸县震区及周边地震台站观测数据，反演获取了震区不同深度、不同尺度的 P 波和 S 波速度结构，并开展了基于重力和航磁数据反演震区深部介质物性分布特征的工作。本次地震科考研究表明：①华蓥山断裂带呈现出密度梯级带和磁性过渡带特征，其两侧的密度结构和磁化强度分布明显不同，泸县6.0级地震位于重磁异常分界线附近，如图1-2所示；②不同尺度的 P 波和 S 波速度反演结果均表明，泸县6.0级地震震区表现出北高南低的速度结构分布特征，主震位于高低速异常分界线附近；③高分辨的背景噪声成像结果进一步揭示，泸县6.0级地震震源体下方存在明显的低速异常分布，使得上覆地层更容易积累应变能，当达到介质强度极限时发生破裂，引发强震。

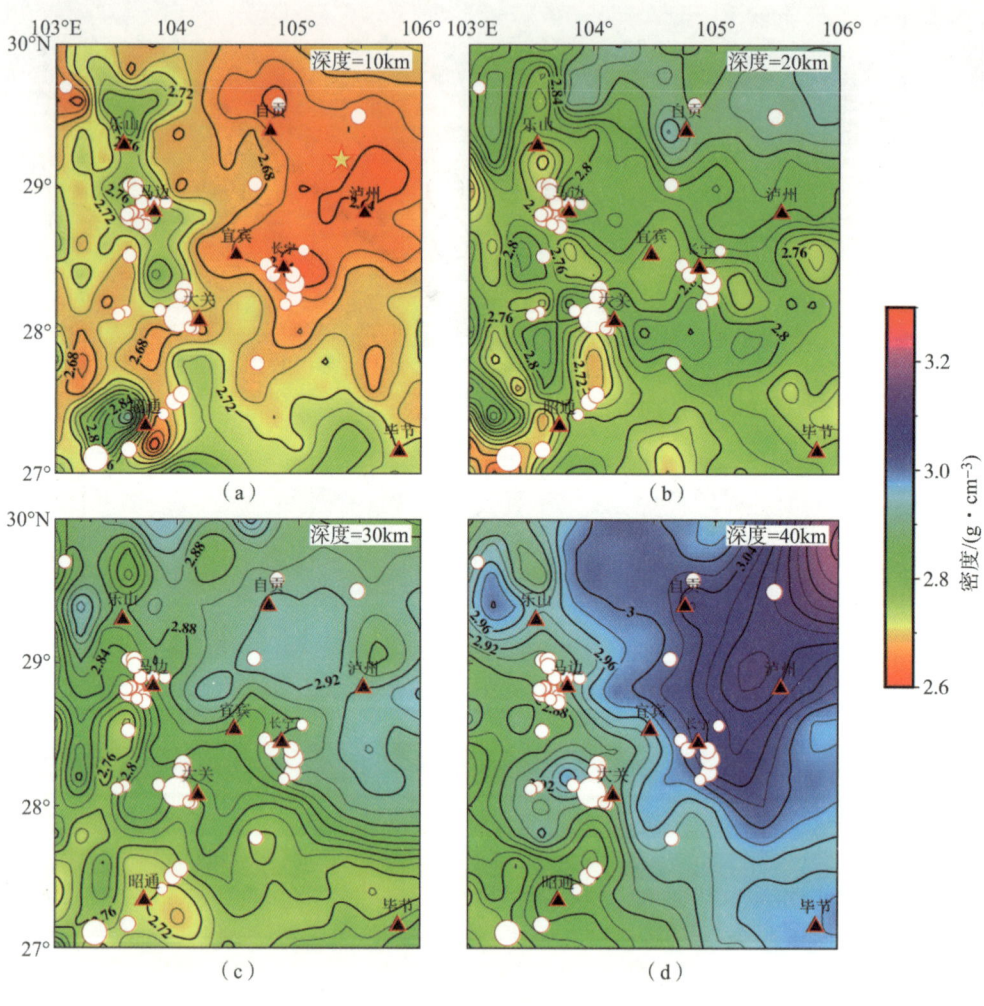

图1-2 地下不同深度处的三维密度结构

三、发震构造

如图1-3所示,震区两侧北东向的螺观山—梯子崖背斜和古佛山背斜及相关断裂未在此次地震中活动,且晚第四纪活动性较弱,不是此次地震的发震构造。震区附近盆地内(喻家寺向斜区)无大规模断层,地表未发现明显的北西向断层。震源区附近的电阻率结构在3km深度以上存在高阻和低阻变化的横向差异,而在3km深度以下电阻率结构趋于均匀,为成层性较好的低阻结构。震源区深部介质具有北西和南西低阻而北东和南东高阻的特征,这种空间上的电性差异可能能较好解释泸县地震震源机制解为北西-南东向,而不是地表能看到的北东向构造。震源区在垂向上处于上覆高阻体(HRB)和下部低阻层(HCL)的交会处,在横向上则处于北西和南西侧的低阻介质与北东和南东侧高阻介质的电性差异带附近。震区古生界存在以泥页岩为代表的滑脱层系,以薄

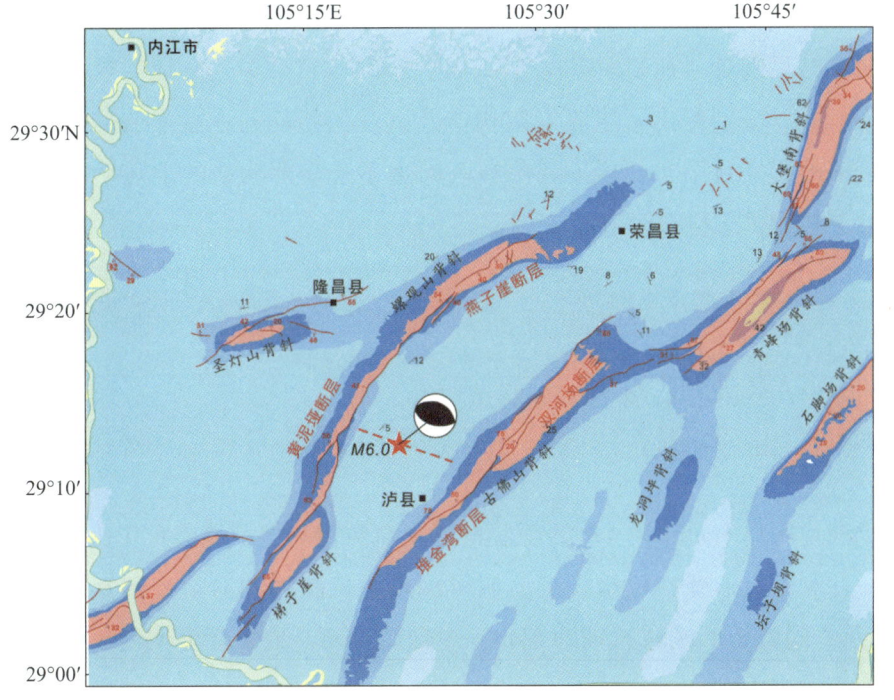

图1-3 四川泸县6.0级地震震区浅表地质构造(据1∶20万地质图修改)

皮逆冲构造为主，形成断层相关褶皱并控制盆地内部的构造变形。震中位置的滑脱层之上发育多条北东-南西向的小型断层，但与震源机制解给出的北西-南东向浅源发震断层不匹配。震中区域的浅层盖层中尚未发现与震源机制和余震序列吻合的发震断层，表明此次泸县地震的复杂性，这为评估区域的潜在地震风险带来了很大的不确定性。

四、震源参数精准测定

震区流动密集地震台阵的野外观测数据分析研究表明：①主震和震区周边地震均为浅源地震，主震矩心深度仅为3.3km，余震平均深度为3.6km；②主震震源机制为逆冲型、矩震级M_W5.4、发震断层面为南西倾向；③余震区长轴约6km、北西方向，余震区存在多条断层同时活动，震后周边发生的多次3.0级以上地震不在余震区；④主震前震区周边存在多条明显线状几何特征、震源较浅的地震分布。

上述研究结果针对"地震发震构造和构造变形机制""孕震环境和震源过程的认识"等问题，分别给出了主震发震构造及其几何特征的地震学依据，区分确认了余震区的真实范围、展示了震前震区周边多条浅部构造的地震活动，为地震危险性分析提供了科学约束。

五、InSAR形变场

采用欧洲空间局Sentinel-1A/B卫星的升降轨数据获得了泸县6.0孔地震同震变形场，并利用矩形弹性位错模型反演得到震源机制解和滑动分布，结果如图1-4所示：同震变形区域长轴约6km，短轴约4km，最大变形值约4cm，地震震源深度为4.7km。

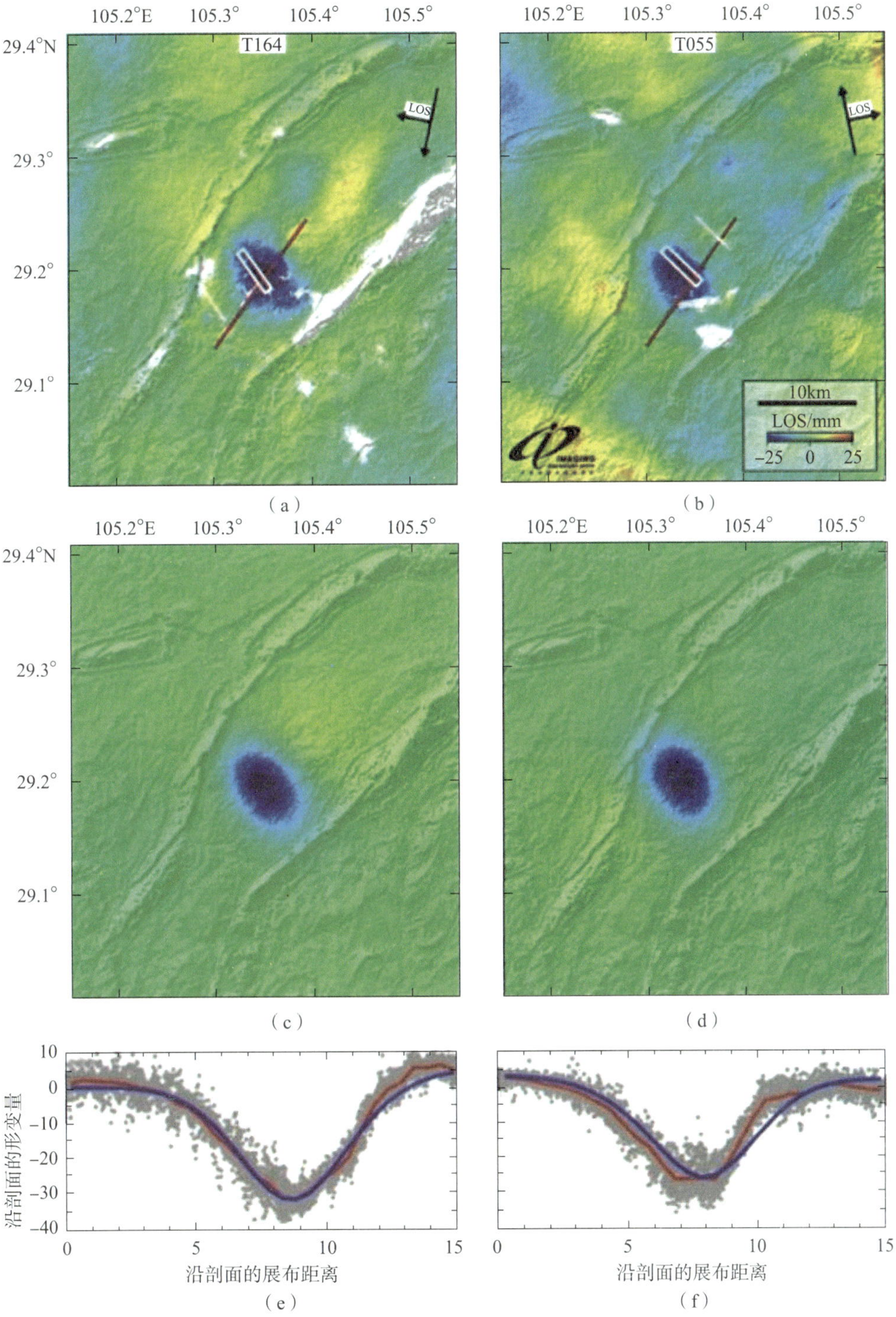

图1-4　InSAR同震形变均

图中，(a)(b)采用降轨164和升轨055数据生成的同震干涉图；(c)(d)采用弹性位错模型拟合的同震变形；(e)(f)沿图A-B中红色剖面线的变形。

六、序列特征与区域地震危险性研究

泸县6.0级地震震源初始破裂深度为5.1km,矩震级为M_W5.4,矩心深度为3.5km。泸县6.0级地震发生在北东向华蓥山褶断带内部,震前具有少量前震活动,余震频次低、强度弱,最大余震(2.8级)与主震震级差3.2,呈现为具有少量前震的孤立型地震序列特征。重定位后,泸县6.0级地震的余震序列由三条不同走向的地震条带组成,整体呈北西西向展布,长度约为5km,破裂规模较小,余震主要集中在序列的东端。

如图1-5所示,为泸县6.0级地震发生后研究区内地震的时空分布。

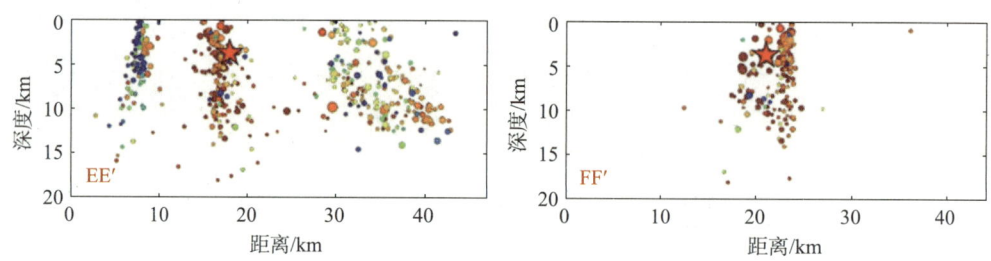

图1-5　泸县6.0级地震发生后研究区内地震的时空分布

泸县6.0级地震震源机制为逆冲型,根据余震优势分布及InSAR数据揭示的同震形变场,走向北西西的节面为泸县6.0级地震的同震破裂面,即发震构造为北西西向且倾角约为45°,是四川盆地沉积盖层内北西西向隐伏逆冲断层在近南北向水平主压应力挤压作用下所发生,与震中附近的华蓥山褶断带西支断裂及附近已知的地表断层几何结构不一致。

泸县6.0级地震东北侧的2021年9月25日3.0级地震和9月27日3.0级余震,分别为近北北东－南南西走向的正断、逆冲事件。质心深度均为4～5km,破裂发生在盆地沉积层中。区域应力场反演结果显示,泸县地区处于南北向的挤压应力环境中。最大主压应力轴(σ_1)为近南北向,倾角近水平;最小主压应力轴(σ_3)倾角近乎直立。与华南地块区域构造应力场北西－南东向主压应力方向差异显著,揭示本次6.0级地震可能受局部应力场控制。

根据 InSAR 数据反演结果，泸县地震同震形变量约达 4~5cm，发震断层埋深 2.6km，走向为 138.6°，倾向南西，矩震级为 $M_W5.4$，呈现隐伏逆冲双侧破裂特征。泸县 6.0 级地震对周边断层有约 0.1kPa 的影响。

七、地震地球化学观测

泸县 6.0 级地震震中及附近区域土壤气体 CH_4、H_2 和 Rn 浓度测量结果（图 1-6 和图 1-7）显示，华蓥山断裂带呈现明显土壤气体浓度高值聚集现象，泸县 6.0 级地震震中附近也存在较弱的土壤气体浓度高值集中现象，且隐约可见高值北西向聚集痕迹，华蓥山断裂带西支西侧也探测到北西向高值条带，其展布与四川盆地内北西向断裂基本吻合，但并未并穿越华蓥山断裂西支。综合分析认为，泸县 6.0 级地震震中附近可能存在北西向断裂带，但其规模较弱，应该不是四川盆地内北西向断裂的延续带。因此，华蓥山断裂可能仍是控制区域地震活动的主要构造，泸县 6.0 级地震的发生与四川盆地内大型北西向断裂的构造

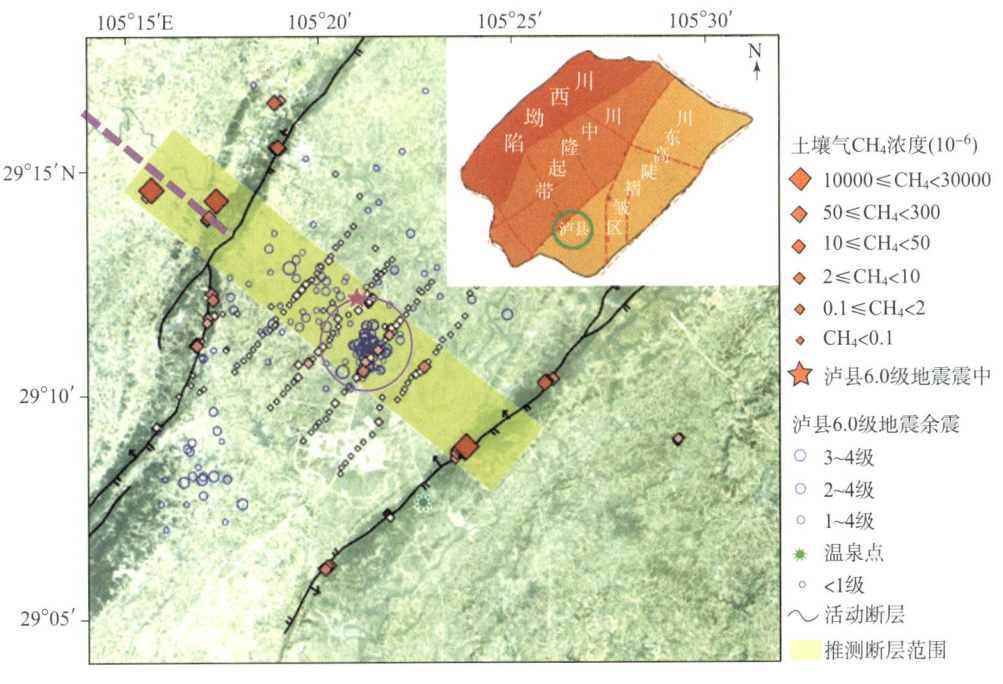

图 1-6　泸县 6.0 级地震震中及附近区域土壤气体 CH_4 浓度空间分布图

活动无关，而可能与区域强构造挤压背景下局部应力的释放有关，且地震的发生促进了震中附近北西向浅层隐伏断裂带气体的释放。

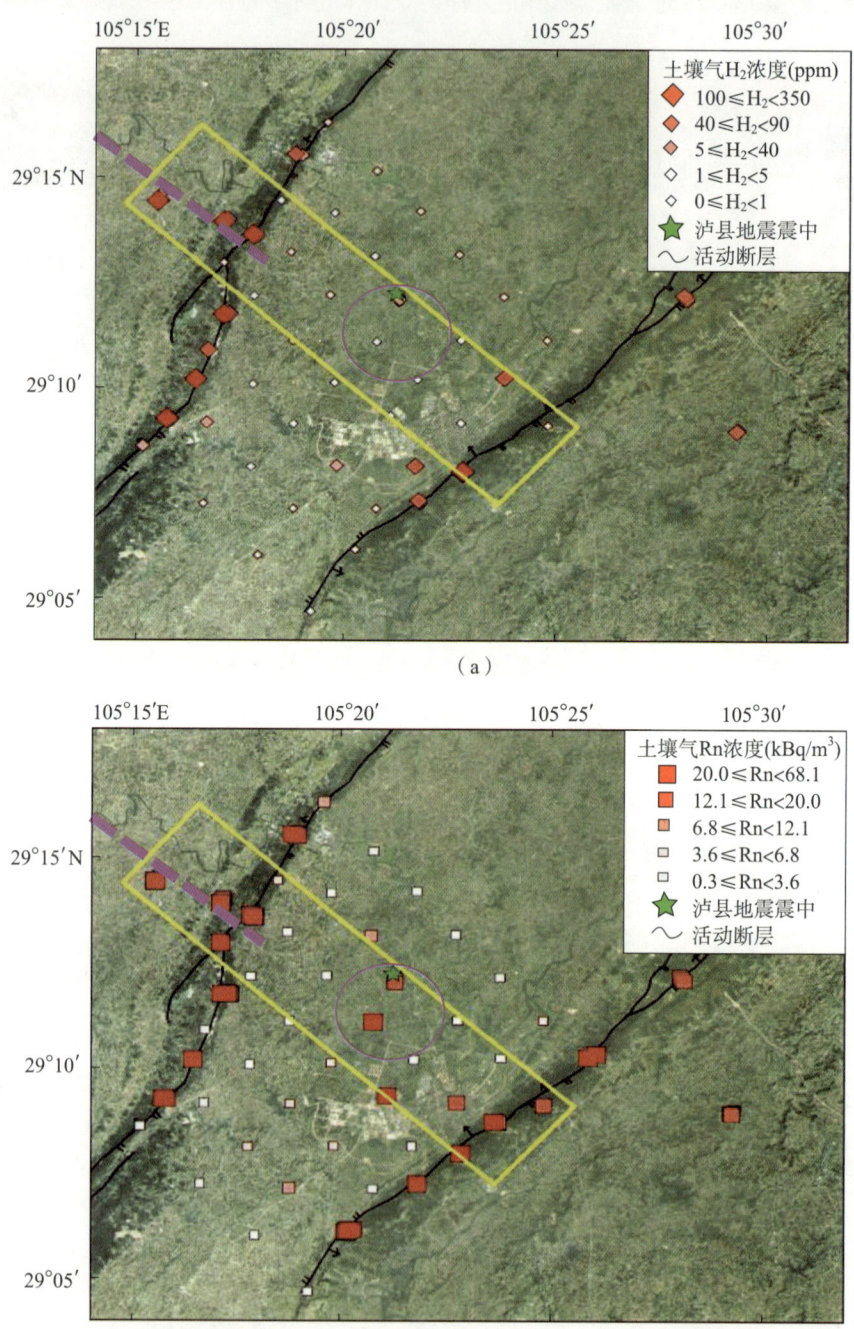

图1-7 泸县6.0级地震震中及附近区域土壤气体H_2和Rn浓度空间分布图

(a) H_2；(b) Rn

八、工程震害特征

从 2001 年起，泸县地区被划为第四代区划图的Ⅵ度（6 度）设防区。泸县县城核心区域大范围房屋建筑主要在 1996—2010 年建成，房屋建筑多为未设防或者设防措施不够，缺少必要的圈梁、构造柱，纵横墙体、女儿墙和出屋面楼梯间（气棚）等缺少拉结，且砂浆强度较低、楼（屋）板采用空心预制板。本次地震科考震害现场调查的工作重点之一是对泸县城区的房屋建筑进行震害调查，调查范围包括：环保局、检察院、清溪社区居委会等办公楼，住建局、财政局等家属楼、泸县二中校舍等，玉蟾市场、天立观澜金月湾小区等商业建筑物和居民小区。

调查结果显示，泸县城区受本次地震影响而造成的震害相对较重，部分房屋严重受损，建筑物的外表虽然看不出较严重破坏，实际内部墙体等构件损坏严重，如图 1-8 所示。这与该地震震源浅、震中烈度达到Ⅷ度（8 度）、距离震中近（属近城市直下型地震）、房屋抗震设防烈度较低、抗震能力较弱以及不利地形和场地等的影响有密切关系。

图 1-8　泸县环保局办公楼受损照片（2021 年 9 月 27 日拍）

图 1-8　泸县环保局办公楼受损照片（2021 年 9 月 27 日拍）（续）

　　泸县城区房屋虽然做到了"大震不倒、不死人"，但地震造成的大量房屋严重内伤加重了灾后恢复重建的难度，提高了恢复重建的成本。建议在恢复重建中，要切实提高区域抗震设防水平和房屋建筑的抗震能力，提高学校、幼儿园、医院等重点目标建筑物设防标准，加强建筑物附属设施和非结构构件的抗震能力，以有效减少震后因破坏和坠落造成的人员伤亡。

九、地震科考现场工作

1. 第一次工作调度会在泸县视频召开

　　9 月 23 日 20 时，四川泸县 6.0 级地震科学考察第一次工作调度会在泸县视频召开（图 1-9）。

(a)

(b)

图1-9 第一次工作调度会

(a) 泸县会场;(b) 北京会场

2. 车时司长调研灾区震害损失情况

9月24日,中国地震局科技与国际合作司车时司长带队调研灾区震害损失情况(图1-10)。

图1-10 调研灾区震害损失情况

9月25日20时,地震科考指挥部组织召开第三次工作调度会。

3. 第四次工作调度会召开

9月26日20时,地震科考指挥部组织召开第四次工作调度会(图1-11)。

(a)

(b)

图1-11　第四次工作调度会

4. 流体地球化学组开展水样采集（图1-12）

如图1-12所示，为水样采集现场。

图1-12　水样采集

5. 地震灾损评估会议召开

9月27日，"9·16"泸县6.0级地震灾损评估会议暨配合开展灾情现场核查工作在泸县召开（图1-13）。

(a)

图1-13　地震灾损评估会

(b)

图 1-13　地震灾损评估会（续）

6. 第六次工作调度会召开

9月28日20时40分，地震科考指挥部组织召开第六次工作调度会（图1-14）。

图 1-14　第六次工作调度会

7. 李营副指挥长现场考察并指导工作

泸县6.0级地震科考副指挥长李营实地查看发震构造研究组在古佛山背斜两侧的断层剖面（图1-15（a））。

泸县6.0级地震科考副指挥长李营查看并指导了震中及周边地区构造地球化学探测中开展的跨断裂甲烷和氡气测量工作（图1-15（b））。

(a)

(b)

图1-15 工作现场（一）

泸县地震科考副指挥长李营与野外地质调查和大地电磁三维探测科考队员一起工作（图1-16）。

(a)

(b)

图 1-16　工作现场（二）

泸县6.0级地震科考副指挥长李营现场查看震源参数精准测定科考组野外布设宽频带地震观测仪器（图1-17）。

(a)

(b)

图1-17 工作现场（三）

8. 发震构造研究科考组中国地震局地质研究所团队野外数据采集（图1-18）

图1-18 工作现场（四）

9. 手持激光扫描仪首次应用于地震科考

震害现场调查与震害机理分析科考组中国地震局工程力学研究所团队首次采用手持激光扫描仪获取典型破坏建筑精细三维点云数据（图1-19）。

(a)

(b)

图1-19 震害现场调查结果展示

(a) 手持三维激光扫描典型建筑点云；(b) 泸县福集镇李子村3D影像图

第二章

四川泸县 6.0 级地震孕震构造环境研究专题总结报告

摘 要

强震的孕育和发生是在地球深部发生的动力过程或构造运动，与深部物性结构及动力学环境有着密切的关系。开展泸县震区深部结构和孕震环境研究，揭示地震活动与深部结构之间的关系，为科学认识泸县6.0级地震的成因和机理以及震区的地震危险性判定等提供依据。然而，泸县震区周边的固定地震台站仅有3个，且台站间距较大、分布较为稀疏，难以反演泸县震区精细的速度结构特征。四川泸县6.0级地震科考"孕震构造环境研究"专题针对科考目标和主要任务，在泸县震区及周边布设了70套短周期地震仪（台站间距2~3km），基于地震观测数据反演获取了震区不同深度、不同尺度的P波和S波速度结构，并开展了基于重力和航磁数据反演震区深部介质物性分布特征的工作。

本次专题科考研究表明：①华蓥山断裂带呈现出密度梯级带和磁性过渡带特征，其两侧的密度结构和磁化强度分布明显不同，泸县6.0级地震位于重磁异常分界线附近；②不同尺度的P波和S波速度反演结果均表明，泸县6.0级地震震区表现出北高南低的速度结构分布特征，主震位于高低速异常分界线附近；③高分辨的背景噪声成像结果进一步揭示，泸县6.0级地震震源体下方存在明显的低速异常分布，使得上覆地层更容易积累应变能，当达到介质强度极限时发生破裂，引发强震。

上述结果确定了华蓥山断裂的深部构造特征，揭示了泸县震区深部介质物性分布差异及展布范围，对回答地震科考提出的"地震发震构造和构造变形机制""孕震环境和震源过程的认识"等问题，以及发震构造的判定和地震危险性分析提供了科学支撑。

一、工作概况

(一) 目标与任务

工作目标：开展泸县震区深部结构和孕震环境研究，揭示地震活动与深部结构之间的关系，为科学认识此次地震的成因和机理、地震危险性判定等提供基础信息。

具体科考内容：①开展了为期3~6个月的密集流动地震台阵（共计70个）观测与地震监测分析；②收集研究区已有的固定和流动地震台站波形资料，通过地震走时成像、背景噪声成像等方法对泸县震区的速度结构和断裂构造开展高分辨成像研究，为构建震区的发震构造模型和分析深部孕震环境提供重要依据；③收集研究区及周边地区已有的布格重力和实测重力剖面数据，反演泸县震区及周边地下三维密度结构；④收集震区及周边已有的航磁数据，通过位场数据处理方法获取泸县震区及周边航磁异常分布结果，为分析震区孕震环境、介质磁性分布特征与地震活动关系提供依据。

(二) 工作团队

中国地震局地球物理研究所牵头，四川省地震局参加。

组长：李永华、李大虎；

组成人员：张瑞青、陈石、石磊、李红蕾、张贝、赵航、江宁波、何思源、李雪浩、高咪。

(三) 科考实施过程

（1）四川省地震局青藏高原研究所在泸县震区及周边布设了70套短周期地震仪，形成了平均间距为2~3km的密集地震台阵，如图2-1所示。

（2）收集了研究区的重力、航磁资料，先后开展重力三维反演和航磁异常特征提取等工作，并对泸县震区及周边的重磁异常特征进行了分析。

（3）收集了泸县震区及周边已有的固定地震台站和新建的流动地震台阵的观测资料，通过地震体波走时、背景噪声反演等成像方法对研究区速度结构和断裂构造开展高分辨成像研究。

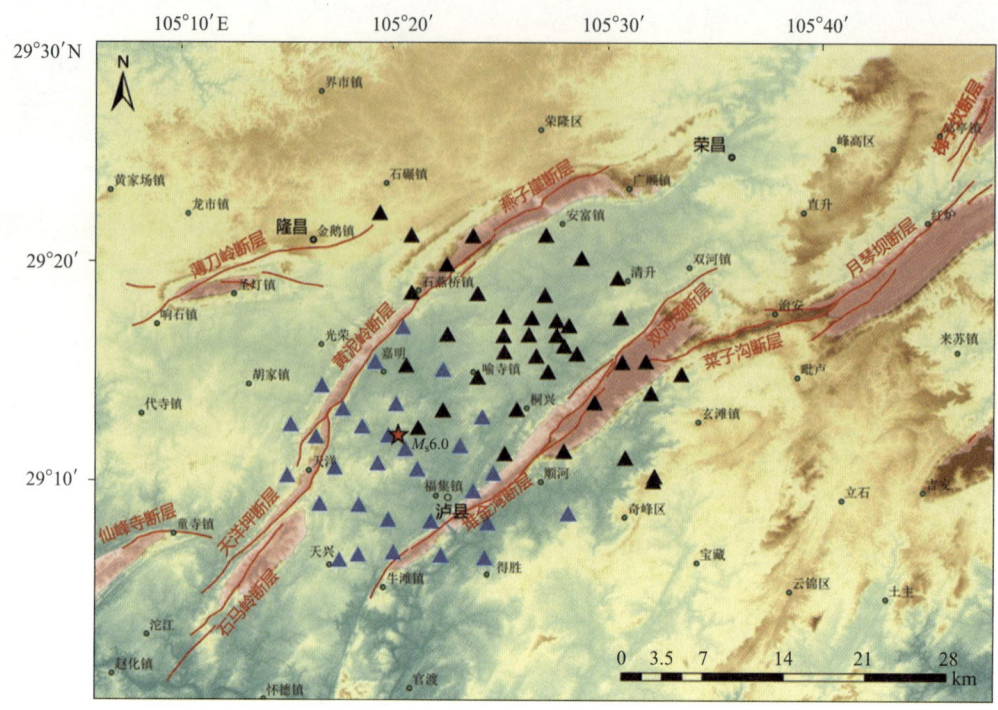

▲ 9月8—10日，布设的短周期地震仪
▲ 9月16日，震后布设的短周期地震仪

图 2-1 短周期密集地震台阵分布图

二、现场工作

为了探究四川泸县 6.0 级地震震区的深部介质结构和孕震环境，四川省地震局青藏高原研究所动力室联合中国地震局地质研究所、中国地质大学（北京）等单位，共同制定观测方案，在泸县布设密集的短周期地震观测台阵。

2021 年 9 月 8—10 日，由李大虎和易桂喜带队，与梁宏、陈学芬、赵航、江宁波、何思源、李雪浩、高咪共 9 人，共同在泸县震区及周边布设了 40 套短周期地震仪。9 月 16 日，泸县 6.0 级地震发生后，研究组成员又在震区西南侧加密布设了 30 套地震仪器，形成了平均间距为 2~3km 的密集流动地震台阵，如图 2-1 所示。拟通过对泸县地区的地震活动情况进行观测分析，反演震区深部三维精细速度结构特征，研究成果对于理解泸县地震孕育的深部动力机制、科学研判该区域地震活动趋势和潜在的地震危险性，以及尽可能减轻地震灾害风险提供指导和依据。图2-2所示为泸县震区现场的野外工作照片。

图2-2　野外现场工作照片

三、数据获取情况

基于短周期密集地震台阵近一个半月观测记录到的波形数据，经过处理分析获得泸县震区地震活动特征，分时段绘制泸县震区地震震中分布图，如图2-3所示。

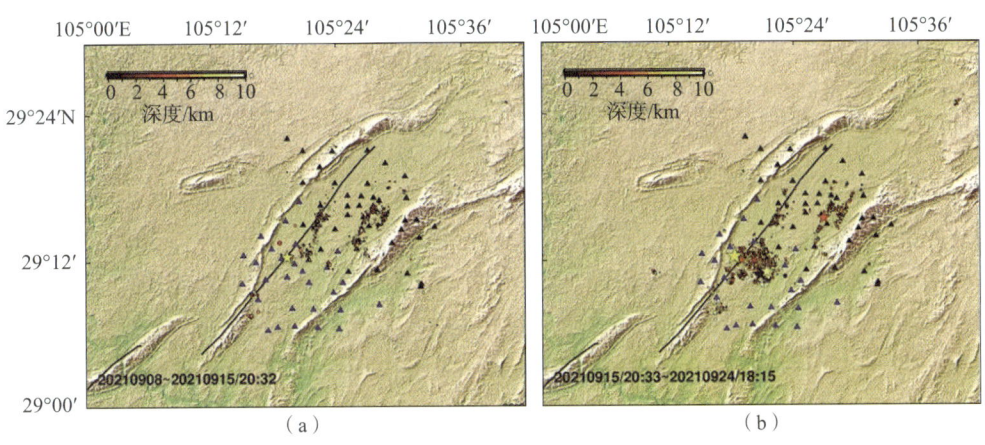

（a）　　　　　　　　　　　（b）

图2-3　泸县震区地震时空展布特征

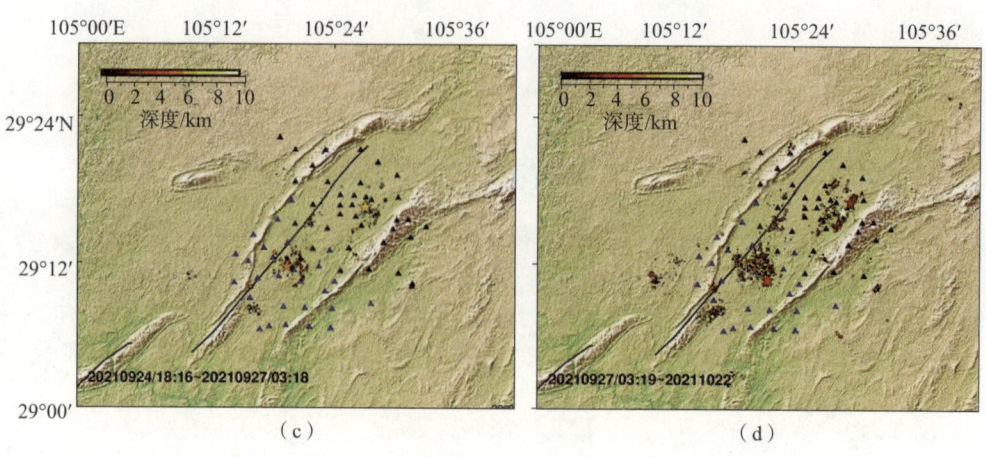

图 2-3 泸县震区地震时空展布特征（续）

四、研究分析成果和新认识、新发现

（一）重力异常多尺度分离

收集了中国地质调查局区域重力资料，点、线间距均为 5km；采用异常总水平梯度分析方法，研究泸县震区的重力异常分布特征。可以看出，泸县震区及周边区域的重力场由北东向南西减小，泸县主震位于异常变化梯级带上，等值线在北东侧分布密集，南西侧分布偏平缓（图 2-4（a）），重力异常总水平梯度图同样也揭示了泸县震区及周边区域的重力场北东高南西低的分布特征（图 2-4（b））。

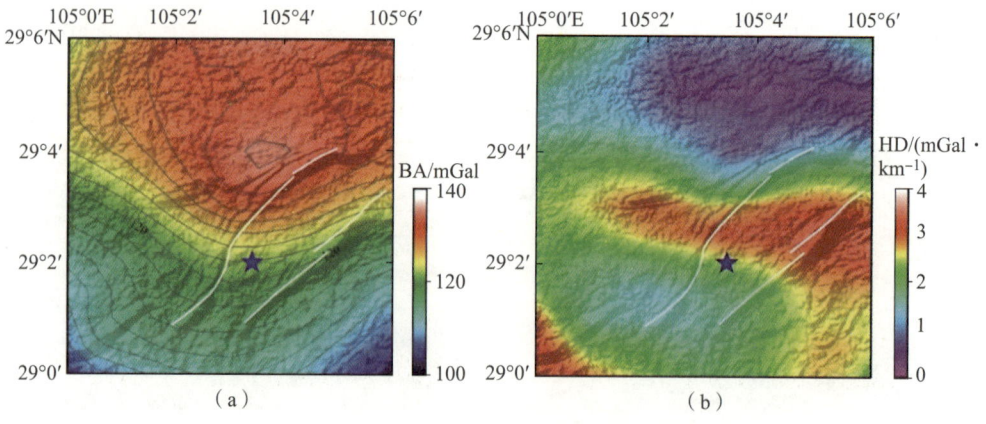

图 2-4 研究区布格重力异常和异常总水平梯度

（a）布格重力异常；（b）异常总水平梯度

再对重力异常进行多尺度分离，从图2-5可以看出，四川盆地腹地5km以上的异常大多为沉积盖层的响应，异常较弱，负异常为主，局部异常主要反映了中基性岩体的分布；5km及以下深度（如10km）则主要反映了基底特征，重力异常大体北东向走向，正负异常相间，反映了盆地基底的隆凹结构。泸县6.0级地震位于重力异常梯级带附近。

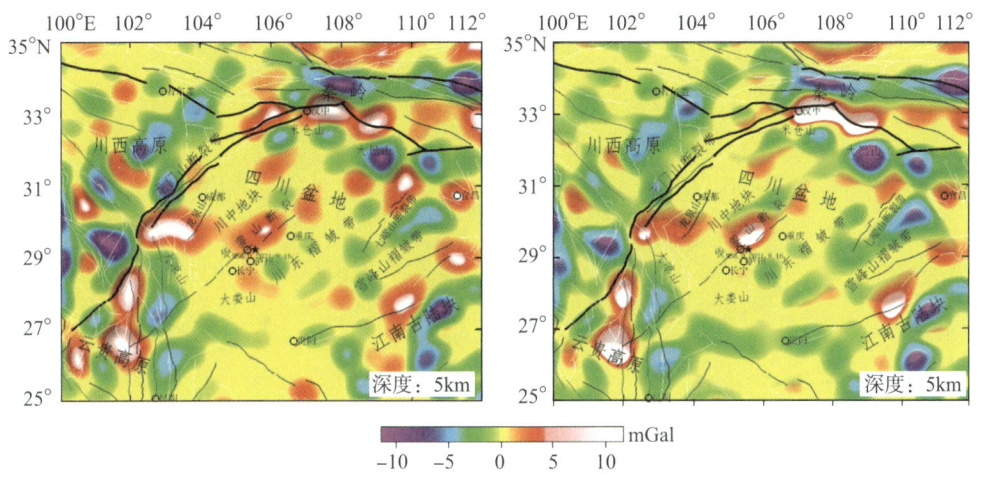

图2-5 重力异常多尺度分离

图中，黑色五角星★代表泸县6.0级地震。

（二）航磁异常特征分析

收集了自然资源部航空物探遥感中心1∶20万航空磁测数据，经预处理、网格化后绘制航磁异常化极ΔT图（图2-6），可以看出，华蓥山断裂带两侧具有不同的磁异常特征，揭示了华蓥山断裂带航磁异常等值线形态总体呈南北向分布，其间存在若干圈闭的正、负异常区块，这说明了该南北向构造带局部存在不同的岩性差异。华蓥山断裂带西侧的基底主要为结晶基底，在川中地块基底下方有明显的强磁性岩体，强磁性基底在威远附近减弱，泸县震中所处的华蓥山断裂构造带是明显的磁异常过渡带，这一点在高精度磁测反演剖面（图2-7）上尤为明显。

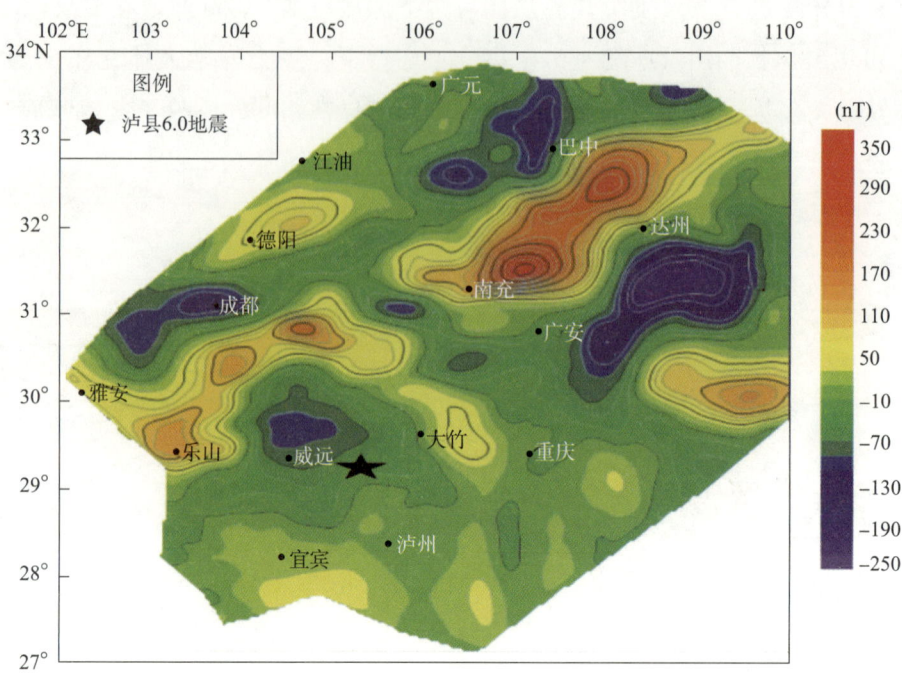

图 2-6 航磁异常化极 ΔT 图

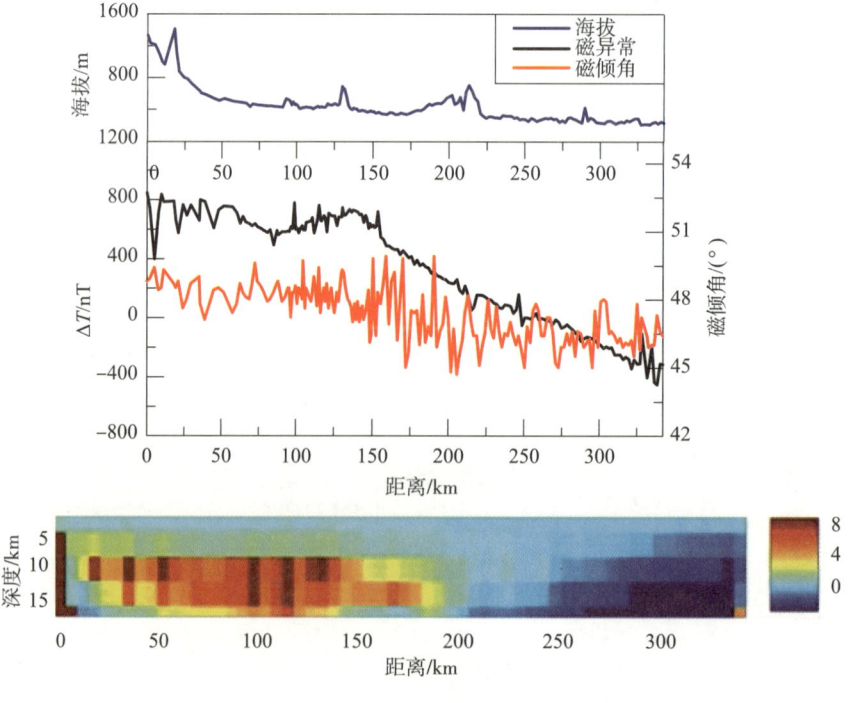

图 2-7 磁化强度聚焦反演图

(三)地震走时成像与深部孕震环境

基于双差层析成像方法,利用2010—2021年四川南部泸州及邻区已有的固定和流动台站记录的近震走时数据(图2-8),对研究区内地震位置和地壳浅部介质结构进行了联合反演,如图2-9、图2-10所示。重定位结果显示,多数地震发生深度要浅,且空间上丛集分布特征明显。此外,还观测到一些呈北西向展布的地震丛集现象,与区域内已知断层分布无明显关联。体波成像结果表明,在地壳浅部,低缓区的北部具有明显的S波(V_S)高速异常,对应的波速比值(V_P/V_S)要低。泸县6.0级地震震源区位于高、低速过渡带。

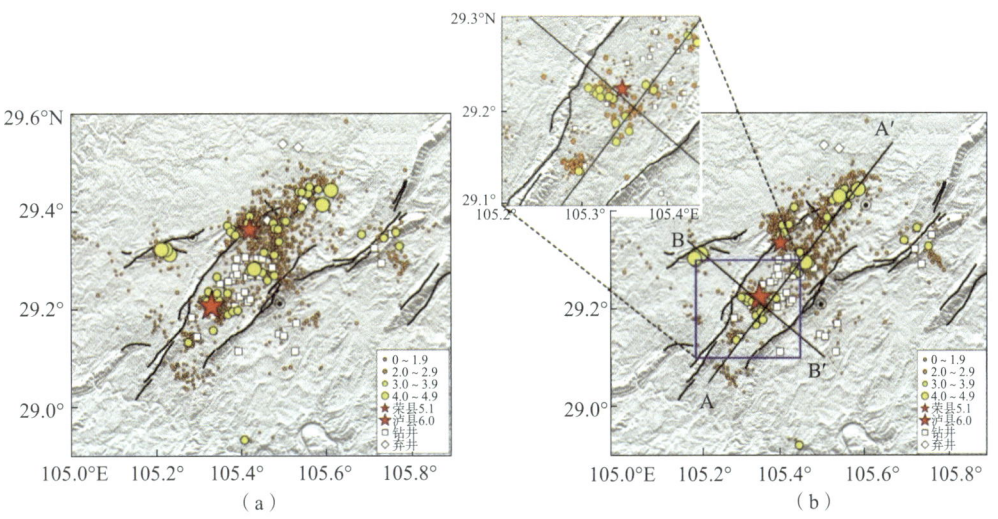

图2-8 泸州及周边地区重定位前、震后地震事件震中分布图

(a)震前;(b)震后

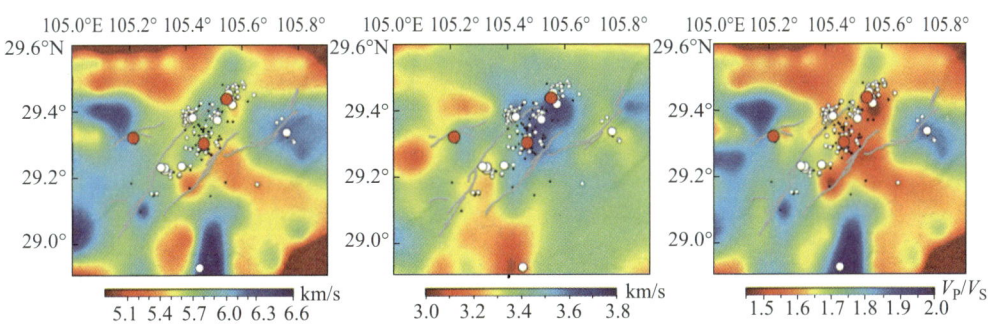

图2-9 V_P、V_S、V_P/V_S层析成像水平切片

图中,第1排和第2排的图分别为4km和6km。

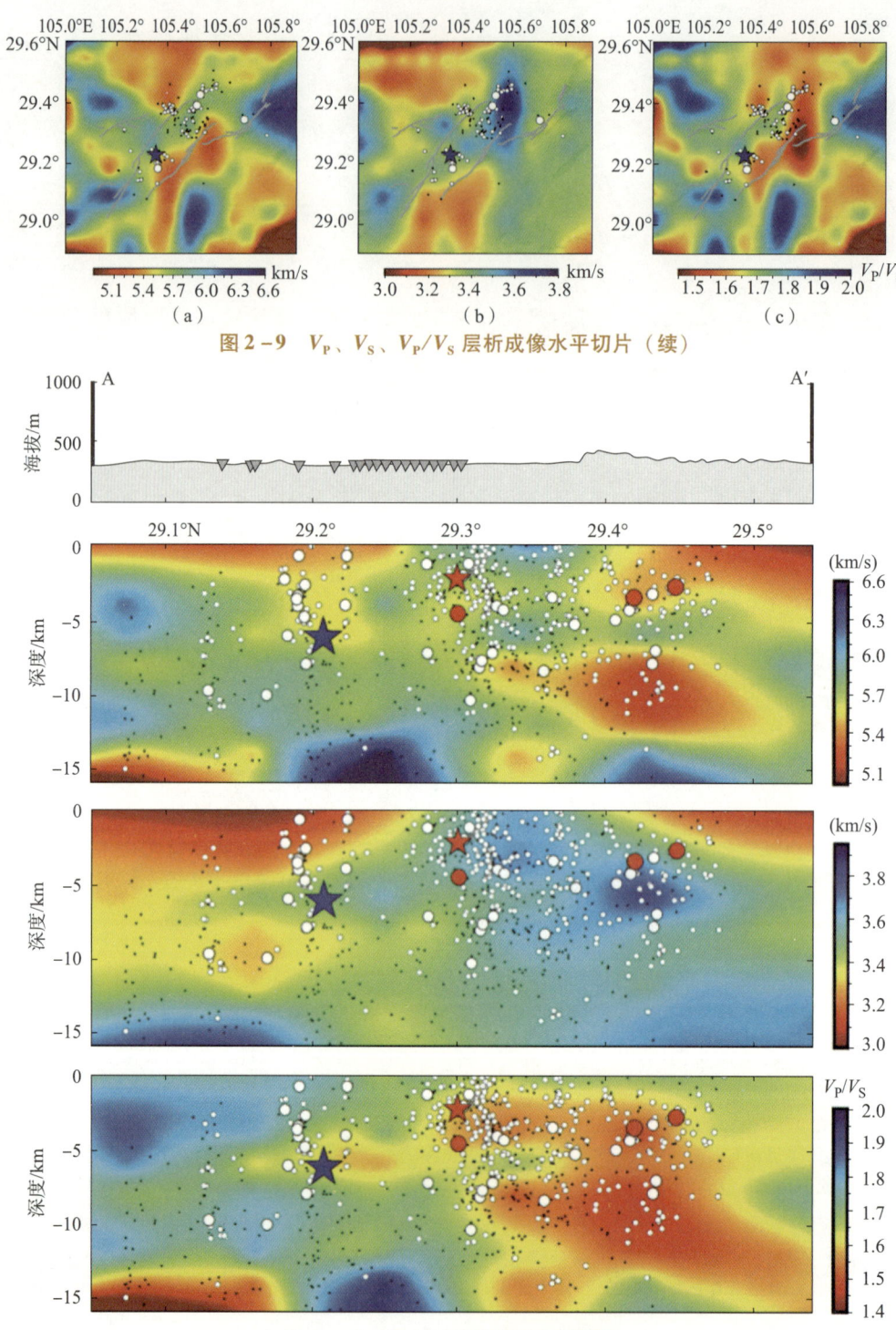

图 2-9 V_P、V_S、V_P/V_S 层析成像水平切片（续）

图 2-10 沿 AA′ 测线的垂直剖面图

图中，黑点 • 表示 $M<2.0$ 以下地震，白点 ∘ 表示 $2.0 \leqslant M<3.0$ 地震，红色点 • 表示 $4.0 \leqslant M<5.0$ 地震，红色五角星 ★ 表示 $5.0 \leqslant M<6.0$ 级地震，蓝色五角星 ★ 表示泸县 6.0 级地震。

（四）地震背景噪声成像与深部孕震环境

1. 观测数据与处理方法

我们分两个批次先后在泸县震区布设了短周期密集地震台阵，第一批次于2021年9月10日在泸县地震北部架设有40个地震台阵，连续波形记录时间为2021年9月10日—2021年10月22日。第二批次是在泸县6.0级地震后，于2021年9月16日在震区西南侧加密布设30台短周期地震仪，连续波形记录时间为2021年9月16日—10月22日。基于背景噪声成像方法，反演获得了泸县震区不同深度的S波速度结构图像。对研究区内70个台站垂直分量连续地震波形数据进行处理分析，通过互相关、叠加等计算流程获取基阶瑞利波的经验格林函数，提取面波群速度频散曲线，如图2－11～图2－13所示。基于传统面波两步反演法获取震区三维S波速度结构。

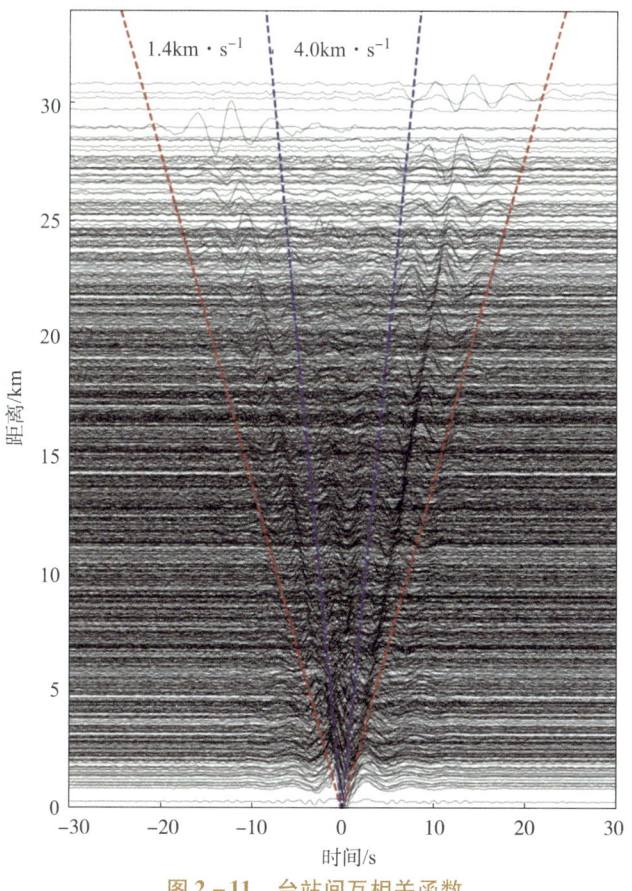

图2－11　台站间互相关函数

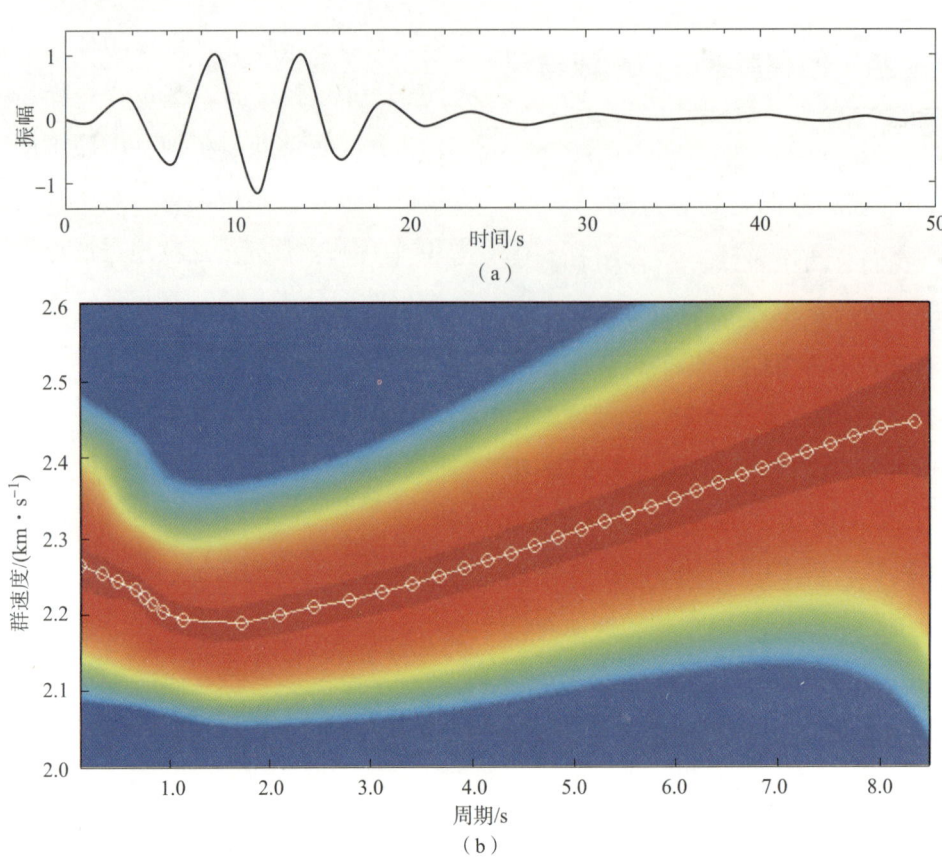

图 2-12 典型台站对的群速度频散曲线提取示意图

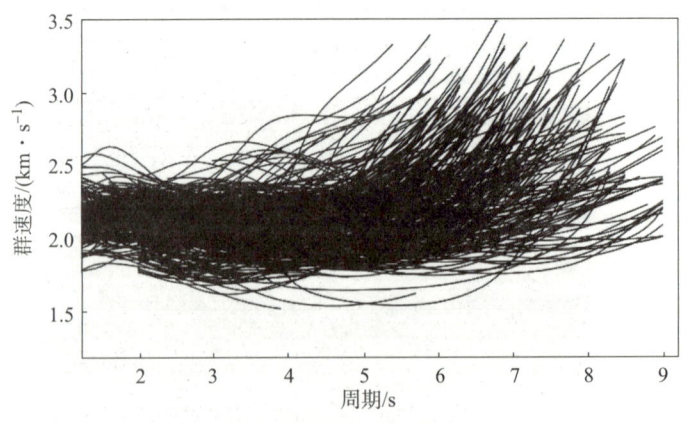

图 2-13 群速度频散曲线结果

计算完背景噪声互相关函数,再通过提取沿测线台站间的群速度频散曲线(图 2-12 和图 2-13),反演了测线下方的 S 波速度结构。

2. S波速度反演

1）二维灵敏核函数分布

分析灵敏核函数的横向变化。从图2-14中可以发现，灵敏度最高的是在华蓥山断裂东支、西支之间的喻家寺向斜区域，由于跨过华蓥山西支台站数相比东支的数量少，所以从图中也能发现数据对华蓥山东支区域的灵敏度要高于西支，说明反演获取的华蓥山东支深部构造的可信度更高。

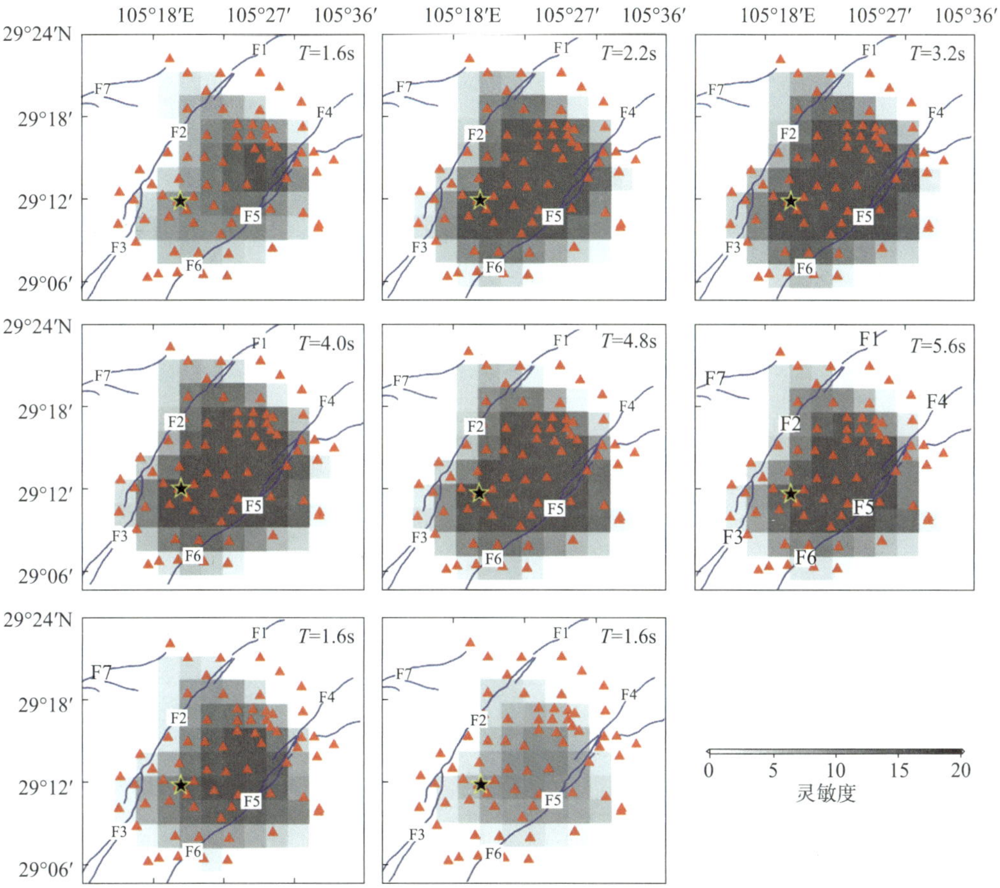

图2-14 各周期灵敏度函数分布图

2）棋盘测试结果

为了测试采用的频散数据空间的分辨能力，本章采用棋盘测试方法，经过多套网格测试，最终选择网格大小为0.03°×0.03°，异常体大小为0.06°×0.06°，加入±0.3km/s异常扰动值，通过理论模型合成理论频散数据，并加上5%的随机误差，形成反演数据，对每个周期进行反演成像。图2-15所示为不同周期频散棋

盘测试结果,与二维灵敏核分布特征相似,周期2.2s、3.2s、4.0s、4.8s、5.6s对在有台站分布的区域棋盘测试恢复比较好。喻家寺向斜区域异常体恢复的比较好,泸县震区在不同周期棋盘测试的结果也比较好,华蓥山东支的棋盘测试分辨率比西支的结果效果要好。这说明所用的数据对揭示泸县震区、喻家寺向斜和华蓥山东支的深部结构有较好的分辨率,棋盘测试结果与灵敏核函数分布结构基本吻合,也说明采用的频散数据可以较好地揭示泸县震区及其周边的深部物性结构。

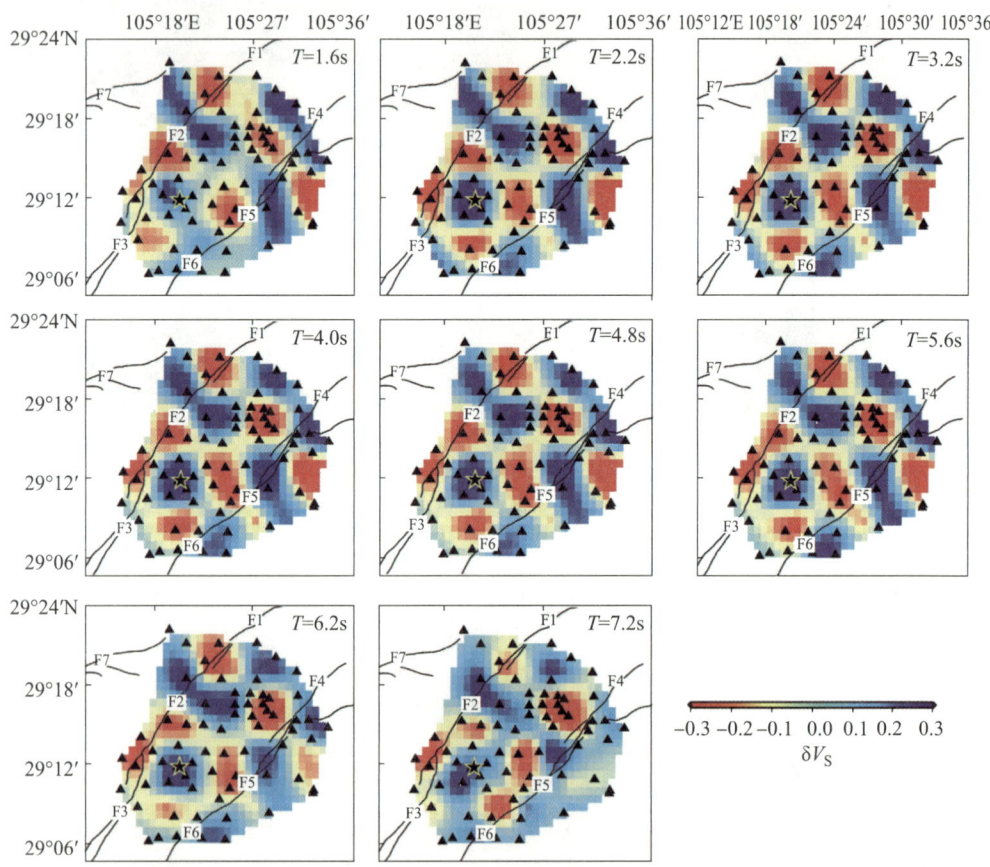

图2-15 各周期检测板测试图

3）S波速度结构

泸县震区S波速度结构表现出不均匀分布特征,且华蓥山断裂东支和西支不同段落之间也存在物性差异,如图2-16所示。其中,1.2km和2.1km深度图上华蓥山断裂东支的古佛山背斜大致位于高低速异常过渡带附近,断裂以东分布高速异常区,而华蓥山断裂西支北东段和南西段速度特征各异。福集—喻寺—方洞—清生等地处于低波速异常分布区内，这与震后三维大地电磁测深反演结果所揭示的低阻异常区相吻合。3.0km 深度图上高低速异常展布形态有所改变，震区北侧嘉明一带表现为高波速异常特征，而震区南侧的天兴镇附近则表现出低波速分布，泸县 6.0 级主震位于高低速异常分界线附近。随着反演深度的增加，这一特征在深度 5.6km 和 6.1km 的深度图上依旧表现明显，震区及周边介质速度结构的非均匀变化是控制地震空间展布的深部构造因素。

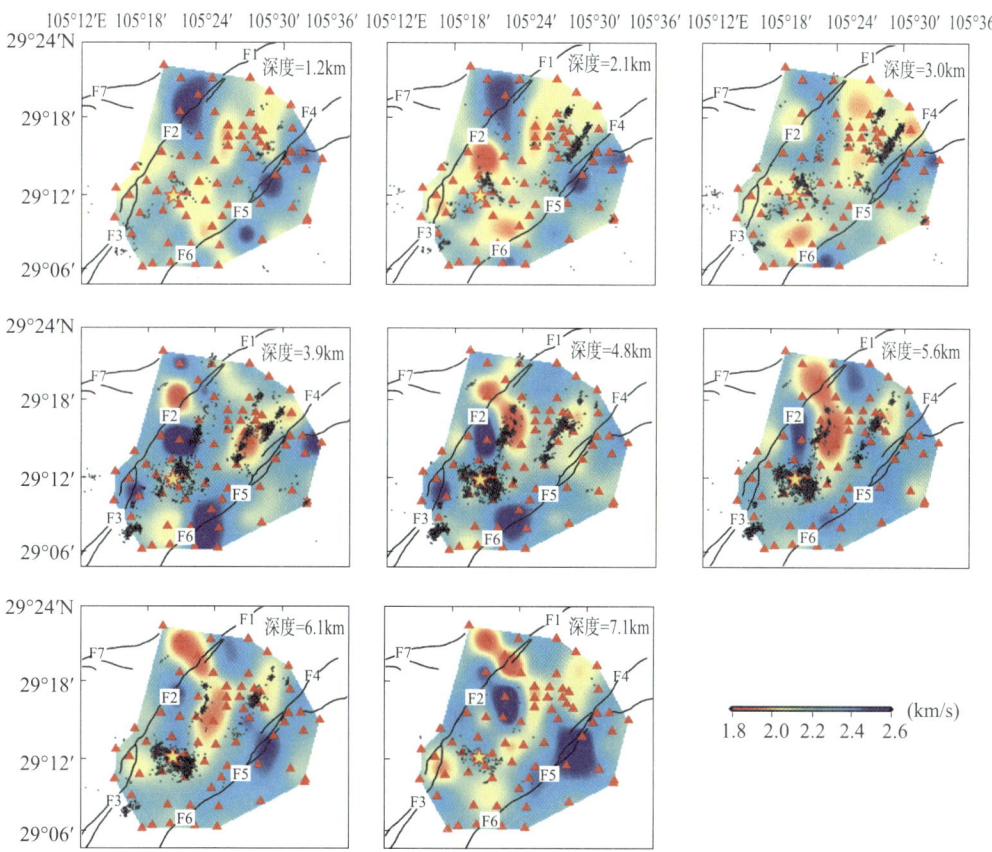

图 2-16 不同深度的 S 波速度结构

在泸县震源源区附近，分别切出了北东向剖面 5 条（AA′、BB′、CC′、DD′、EE′）和北西向剖面 1 条（OO′、LL′），如图 2-17 所示。每个剖面的柱状图分别为沿该剖面每隔 1km 的地震数量统计图。从 AA′、BB′、CC′、DD′、EE′剖面图中可以发现地震频次最高的深度在 4~6km 范围内，对应该深度的速度结构存在明显的高速区，在泸县震中北东侧存在明显高速异常区。从 OO′ 剖面中可以发现该剖面的在 0~3km 深度范围内主要以低速异常为主。泸县 6.0 级地震震源体下方存在明显的低速层分布，使得上覆地层更容易积累应变能，当达到介质强度极限时发生破裂，引发强震。

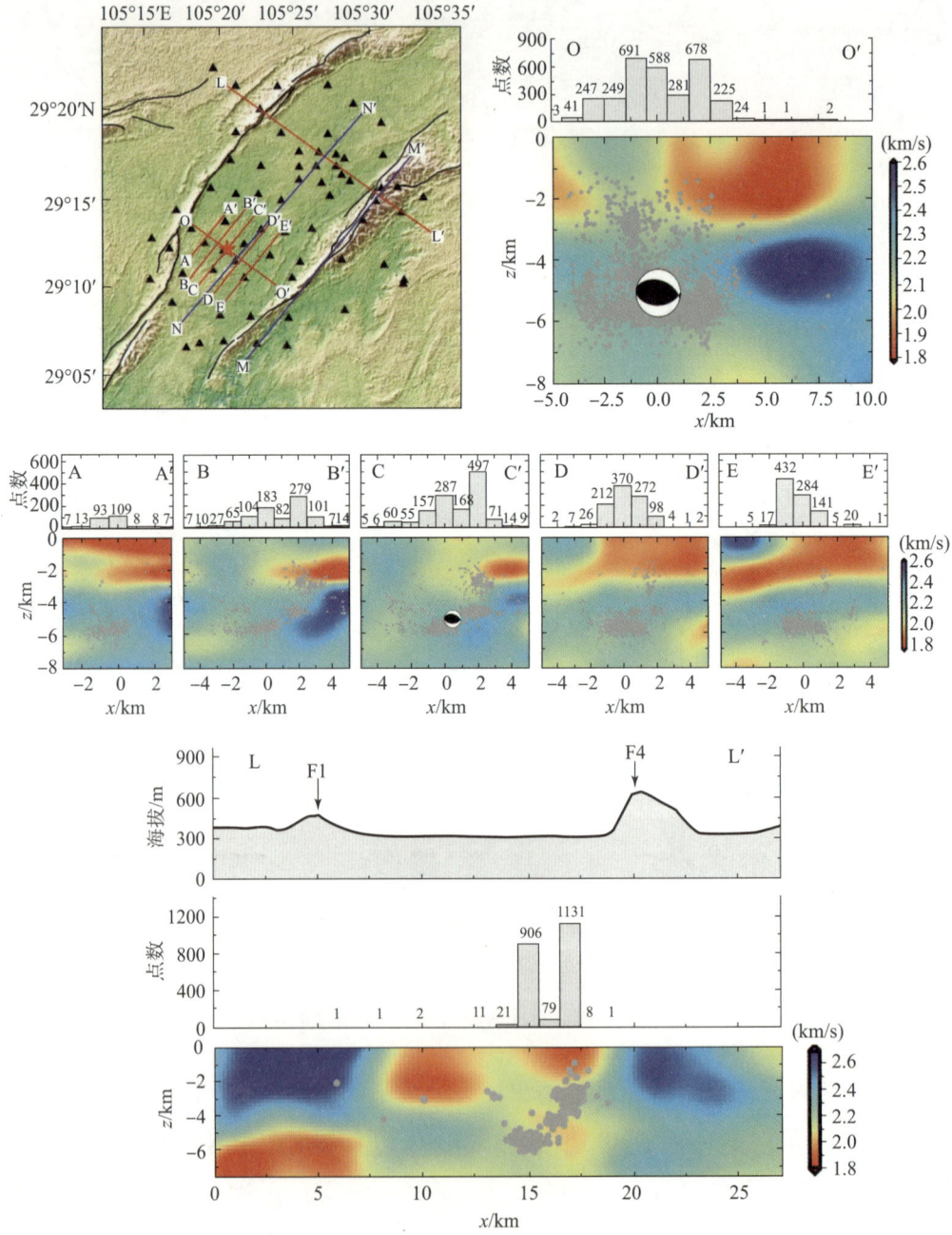

图 2-17　跨泸县震区的垂向速度剖面

从穿过华蓥山断裂东支和西支的 LL′剖面图可以看出，华蓥山东支和西支的深部结构有明显的差异，东支在由浅到深都表现为高速特征，而在西支浅部5km以里为高速区，在5km深度以下表现为低速特征，这点与震后大地电磁测深反演结果相一致，喻家寺向斜整体上表现为低速异常的展布特征。

五、小　结

开展泸县震区深部结构和孕震环境研究，揭示地震活动与深部结构之间的关系，积极参加了地震科考工作组组织的进展和相关汇报工作，并及时分享了最新研究进展，为科学认识此次泸县地震的成因和机理、地震危险性判定等提供深部地球物理场依据。

不同尺度的地震成像结果揭示了泸县地震发生的深部物性特征和孕育环境，泸县6.0级地震震区表现为北高南低的速度结构分布特征，主震位于高低速异常分界线附近。泸县6.0级地震震源体下方存在明显的低速层分布，使得上覆地层更容易积累应变能，当达到介质强度极限时发生破裂，引发强震。

第三章

四川泸县 6.0 级地震发震构造研究专题总结报告

摘 要

泸县6.0级地震打破了川南盆地腹部有历史记录以来的最大震级记录，造成了数人死亡以及大量的房屋损坏。此次地震发生在川东南华蓥山褶皱断裂带西南端的向斜部位，震源机制解显示其破裂方向为北西向，表明该次地震未受北东向华蓥山褶皱断裂带控制。为厘定该次地震的发震构造，查明区域孕震环境，本科考工作组分别开展了野外地质地貌调查、大地电磁探测和人工地震反射剖面解释工作，获得了以下认识：①震区两侧北东向的螺观山—梯子崖背斜和古佛山背斜及相关断裂未在该次地震中活动，且晚第四纪以来活动性较弱，不是本次地震的发震构造；②震区附近盆地内（喻家寺向斜区）无大规模断层，地表未发现明显的北西向断层；③震源区附近的电阻率结构在3km深度以上存在高阻和低阻变化的横向差异，而在约3km深度以下电阻率结构趋于均匀，为成层性较好的低阻结构；④震源区深部介质具有北西和南西低阻而北东和南东高阻的特征，这种空间上的电性差异可能能较好解释泸县地震震源机制解为北西－南东方向，而不是地表能看到的北东向构造；⑤震源区在垂向上处于上覆高阻体（HRB）和下部低阻层（HCL）的交会处，在横向上则处于北西和南西侧的低阻介质与北东和南东侧高阻介质的电性差异带附近；⑥震区古生界存在以泥页岩为代表的滑脱层系，以薄皮逆冲构造为主，形成断层相关褶皱并控制盆地内部的构造变形；⑦震中位置的滑脱层之上发育多条北东－南西向的小型断层，但与震源机制解给出的北西－南东向浅源发震断层不匹配；⑧震中区域的浅层盖层中尚未发现与震源机制和余震序列吻合的发震断层，表明了此次泸县6.0级地震的复杂性，为评估区域的潜在地震风险带来了很大的不确定性。

一、工作概况

据中国地震台网测定，2021 年 9 月 16 日 04 时 33 分，四川泸县发生 6.0 级地震，震源深度为 10km。四川泸县强烈地震，造成 3 人死亡，146 人受伤，大量房屋开裂、倒塌。此次地震的最高烈度为Ⅷ度（8 度），等震线长轴呈北西西走向，长轴为 62km，短轴为 54km，Ⅵ度（6 度）区及以上面积为 2613km²，主要涉及四川省泸州市泸县、龙马潭区，自贡市富顺县、大安区，内江市隆昌市 5 个县（市、区），51 个乡镇（街道）；重庆市荣昌区 1 个区，10 个乡镇（街道），如图 3-1 所示。

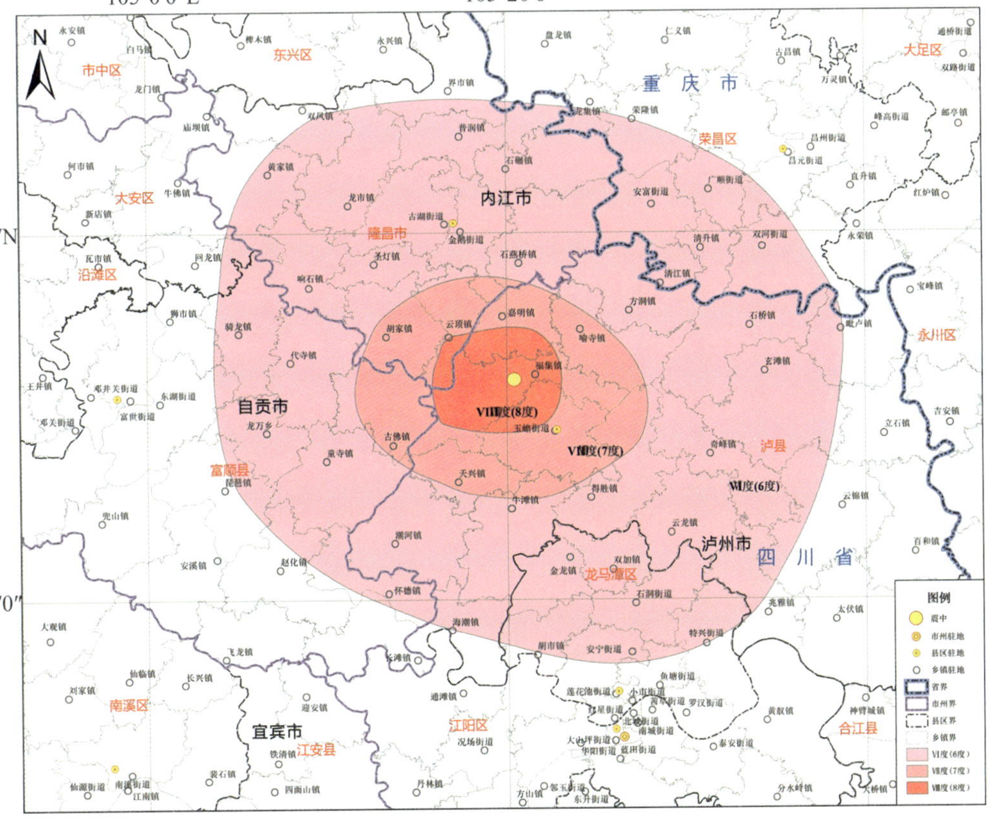

图 3-1 四川泸县 6.0 级地震烈度图

为深入研究地震孕育发生演化过程，强化震情趋势研判科技支撑，根据中国地震局地震科考工作机制，立即组织专家赴现场开展地震科考：①地震发震构造和构造变形机制如何？②孕震环境和震源过程的认识有哪些？③地震序列演化特征和区域地震危险性评估结果是什么？④强地面运动场、工程震害特征与破坏机理的情况如何？尤其要关注泸县地震震源机制结果与区域主要构造带不协调、震源深度浅等问题。

（一）目标与任务

此次地震科考工作共成立了九个专题组，其中发震构造研究组的主要目标是进一步查明当地的活动构造，尤其是可能的隐伏构造；结合周边已有的地球物理勘探结果，开展大地电磁和地震反射资料研究，综合解释地震活动的构造背景和成因。具体工作任务包括：

（1）开展地震地质调查工作，确定华蓥山褶皱断裂带的活动性及其与本次地震的关系。

（2）开展大地电磁三维探测工作，获取地震震源区介质电阻率结构，探讨本次地震的深部孕震环境。

（3）利用收集到的地质图、钻井及三维地震反射等资料，结合地震数据开展发震构造和发震断层识别。

（二）工作团队

工作团队主要由地震地质、大地电磁和构造解析三个小组组成，其中地震地质组成员包括中国地震局地质研究所孙浩越、孙稳、李伟、张国霞，中国地震局地震预测研究所李文巧、崔腾发、熊仁伟、张彦博、张达、王林，四川省地震局何玉林、刘玉法、梁明剑、张威、马超等；大地电磁组成员包括中国地震局地质研究所詹艳、孙翔宇及刘雪华等；构造解析组成员包括中国地震局地质研究所鲁人齐以及中国地质大学（北京）何登发教授团队等。

（三）科考实施过程

2021年9月16日，泸县6.0级地震发生后，按照中国地震局地震科考工作机制启动地震科考工作后，发震构造科考工作组立即响应，开始了地震应急科考的相关工作。其中地震地质组的科考队员（来自中国地震局地质研究所）于地震当天中午即抵达震区，在地震应急现场指挥部的安排下立即开展了震区地表破裂和地震地质灾害的调查工作，为地震烈度图的编制提供了基础资料数据；大地电磁组与构造解析组则立即着手收集资料、准备设备，为后续的工作做准备。

9月23日，地震地质组的中国地震局地震预测研究所科考队员和中国地震局地质研究所科考队员分别从北京和四川凉山州雷波县赶赴泸县，在组成联合科考工作组后，对震区周边构造开展调查工作，在广泛收集和分析区域地质、地球物理和活动构造研究资料的基础上，重点对震区两侧的螺观山—梯子崖背斜和古佛山背斜的相关断裂开展了地震地质及地貌调查工作，确定断裂的活动性。9月25日，大地电磁组抵达震区，以震中为中心，布设覆盖了两侧背斜的大地电磁三维探测台阵，开展了为期逾1个月（结束于10月27日）的观测和数据采集工作。构造解析组则自地震发生之日起即收集了震区地质图，结合中国石油天然气集团有限公司（简称"中石油"）西南油气田公司的钻井和三维地震反射资料，以及中国地震台网中心的地震数据等，开展了发震构造和发震断层识别的研究；并于10月2日到地震现场进行相关调研和科考，与中国地质大学（北京）、泸县应急管理局、泸州市135地质队、四川省地震局等相关研究团队进行沟通交流，获取相关信息与数据，支撑地震构造的相关研究。

二、现场工作

2021年9月16—18日，地震地质组在地震应急现场指挥部的安排下开展了现场应急调查工作，重点对本次地震的地表破裂、地质灾害和房屋损害情况进行调查，未发现本次地震产生了地表破裂，地质灾害也较为少见。

9月23—30日，地震地质组在收集和分析区域研究资料后，在遥感影像解译的基础上，对螺观山—梯子崖背斜和古佛山背斜上发育的燕子崖断裂、黄泥垭断裂和双河场断裂、堆金湾断裂等开展了野外地震地质及地貌调查工作，并通过清理断层露头剖面对断裂的活动性进行了研究。

9月25日—10月27日，大地电磁组带着12台套宽频带大地电磁探测仪器抵达震区，以震中为中心，布设了4条横跨两侧背斜以及3条平行于背斜的大地电磁测线，组成三维探测网络，开展了为期逾1个月的观测和数据采集工作，如图3-2所示。为解决震区电磁干扰程度高、电磁噪声重等问题,获得高质量的大地电磁数据,工作组在内蒙古乌兰察布市布置了远参考站,用于对震区的大地电磁数据进行远参考降噪处理。目前,工作组获得了震区68组优良的大地电磁数据。

图3-2　大地电磁任务组野外数据采集工作场景

三、数据获取情况

地震地质组在对螺观山—梯子崖背斜、古佛山背斜及燕子崖断裂、黄泥垭断裂和双河场断裂、堆金湾断裂的野外调查中,踏勘路线总长度逾1000km,共调查断裂总长度约100km,调查地质地貌点100多个,拍摄照片约600张,发现和清理断层露头剖面10个。

大地电磁组以泸县地震的震中为中心,布设了西北-东南向长25km、北东-南西向宽8km左右的矩形测区,覆盖了螺观山背斜、古佛山背斜以及所挟持的喻家寺向斜，对共计68个大地电磁观测点进行了数据的观测和采集工作。

构造解析组收集了震区1∶20万地质图，中石油西南油气田公司的钻井资料和三维地震反射资料，以及中国地震台网中心的地震数据等用于发震构造和发震断层识别的研究。其中，高分辨率的三维地震反射数据属于中石油的商业保密资料，仅供内部研究参考和使用。

四、研究分析成果和新认识、新发现

泸县6.0级地震是川东南地区继2019年长宁6.0级地震后的又一次破坏性地震。历史上，泸县地震震中附近并无中强震记录，附近最大地震为荣县4.9级地震。本次地震震中位于华蓥山褶断带西南部的螺观山—梯子崖背斜和古佛山背斜之间的喻家寺向斜部位。地质资料揭示泸县地震区主要的构造走向为北东-南西向，沿螺观山—梯子崖背斜发育断续展布延伸不长的燕子崖断层、黄泥垭断层，沿古佛山背斜发育断续展布的延伸不长的双河场断层、堆金湾断层；但是泸县地震震源机制解指示可能是北西-南东向的断层为地震发震构造，如图3-3所示。

（一）地震地质调查

震区出露的主要断层为华蓥山基底断裂带在地表断断续续出露的分支断层，各分支断层的活动性受控于区域性断裂的活动性，其活动性评价离不开区域性断裂活动性的限定。因此，我们在收集前人对华蓥山断裂带研究资料的基础上，开展了野外地质地貌调查工作（图3-3），重点对震中附近的断裂进行活动性调查。

1. 螺观山—梯子崖背斜及其地表断层

燕子崖—黄泥崖断层带发育在螺观山—梯子崖背斜核部或两翼，东起荣昌县荣隆镇东南，向西南经安福镇北、石燕桥镇南、山川镇南、古佛镇至芝溪乡后，断层右阶至童寺镇、安溪镇后逐渐隐伏。走向为NE45°~50°，倾向北东或南西，倾角为40°~60°，长约70km。野外观测点由北东而南西阐述如下：

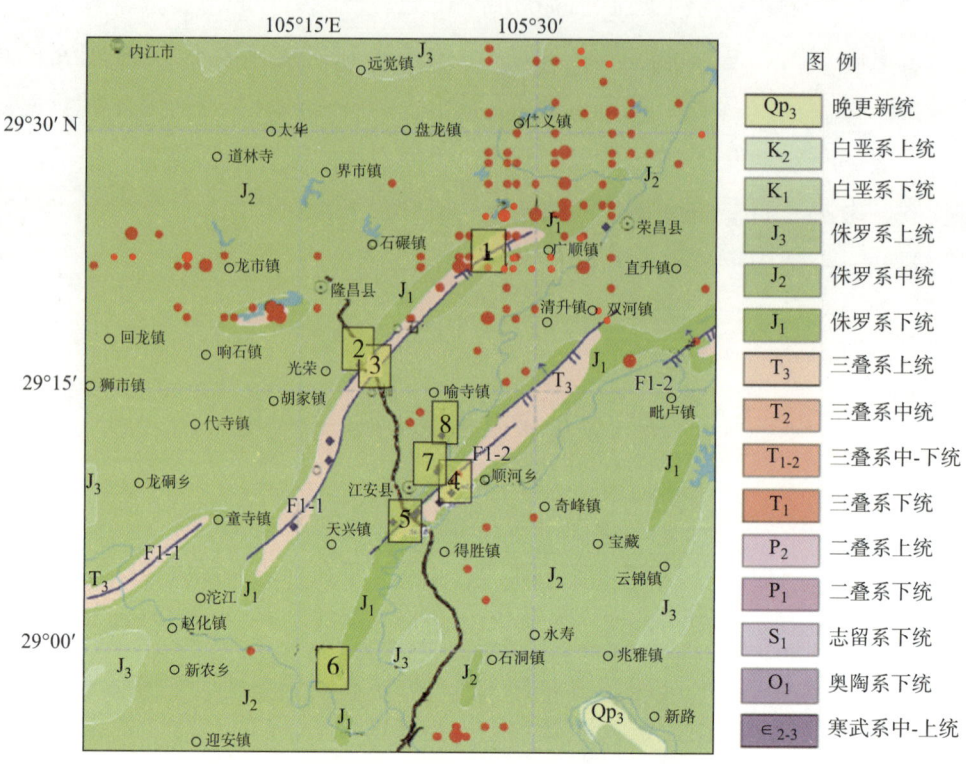

图 3-3　部分野外地质调查点分布图

1) 调查点 1

该调查点的出露断层为燕子崖断层，位于财神坳西，螺观山背斜核部。螺观山背斜在地貌上呈北东向条形山地，背斜北西翼陡立，南东翼相对较缓。在背斜核部，地层近直立，顺层发育基岩断层挤压破碎带，断层面附近地层发生揉皱变形，断层泥胶结，坚硬，如图3-4所示。

2) 调查点 2

该调查点的出露断层为黄泥崖断层的次级分支断层，位于塘坊坝村东南，付界路东侧的山边，梯子崖背斜西翼。剖面揭露地层为侏罗系下统自流井组紫红色泥（页）岩夹石英细砂岩、生物屑灰岩、泥灰岩，如图3-5所示。

剖面揭示3条断层，表现为断层上盘石英细砂岩逆冲至断层下盘紫红色泥（页）岩之上，下盘泥岩层发生强烈的褶曲变形（图3-5（a）、(b)）。顺着断层面，发育断层破碎带、断层泥带，厚10～30cm，遇水易黏化（图3-5（c））。断层面上擦痕和阶步明显（图3-5（d））。断层通过处，地貌上无明显构造变形迹象。

图3-4 燕子崖断层财神坳观测点

剖面揭示的断层走向与螺观山背斜轴向及荣隆—童寺断裂带的主体走向并不一致，具有一定的夹角，可能为背斜隆升过程中产生的次级断层。

3）调查点3

该调查点的出露断层为黄泥崖断层主断层带，位于梯子崖背斜东翼。剖面宽约50m，剖面方向为南东东向，剖面由西侧陡立岩层区、中部断层带、东侧水平岩层区3部分组成（图3-6）。陡立岩层区出露地层主要为三叠系上统生物屑灰岩、泥灰岩；断层带揭示至少5条断层，断层总体倾向北西，倾角较陡，断层面上发育近

图3-5 山川镇西塘坊坝村南付界路旁断层剖面

直立擦痕，断错侏罗系下统自流井组紫红色泥（页）岩夹石英细砂岩、生物屑灰岩；东侧水平岩层区主要发育侏罗系中统紫红色砂岩、泥岩；该段位于背斜东翼、远离断层带，地层相对平缓。

2. 古佛山背斜及其地表断层

双河场—堆金湾断层带主要发育在古佛山背斜核部及西翼；断裂东起荣昌县宝峰镇东北，向西南经治安、双河镇、桐兴、门斗山、龙岩、龙洞场、白塔寺至芝三草坡后隐伏。走向为NE45°～50°，倾向北东，倾角为40°～60°，长约55km。野外观测点由南西而北东阐述如下。

1）调查点4

该调查点位于隆兴村西，古佛山背斜南东翼的一盘山公路边；在此处

图 3-6 嘉明西黄泥崖断层剖面

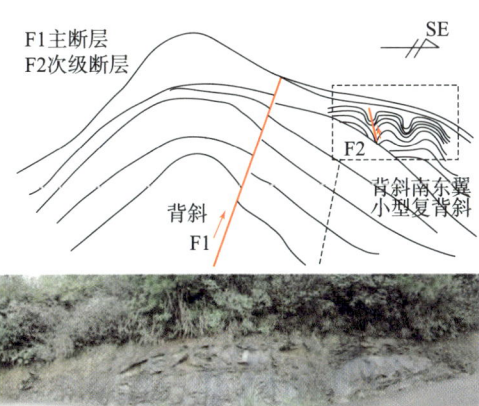

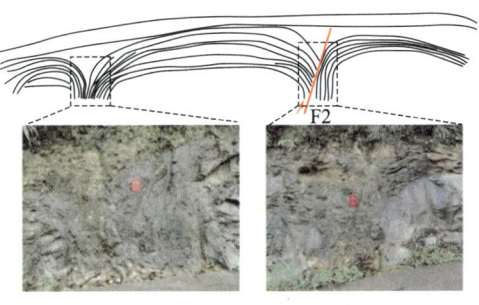

图 3-7 隆兴村西古佛山背斜南东翼盘山公路边褶皱剖面

发现 3 个连续紧闭的小型背斜，具有相对宽缓的背斜和相对紧闭的向斜组合特征（图 3-7）；复背斜带宽约 20m；是在北西-南东的区域构造应力场作用下，古佛山背斜发生地壳缩短、隆升；在其南东翼沿着软弱的泥岩薄层发生局部的浅部滑脱褶皱变形，并在紧闭的向斜部位产生逆冲断层。

2）调查点 5

在濑塔河水电站附近，濑塔河右岸二级阶地上发现背斜核部及断层剖面（图 3-8）；背斜剖面宽度约 15m，剖面揭示，在该处背斜核部呈圆顶背斜，两翼倾角约 65°；远离背斜核部，两翼地层倾角迅速变缓（图 3-8（a））；在背斜的北西翼，距离背斜核部约 100m，发现断层剖面（图 3-8（b）），剖面揭露断层两侧地层为三叠系上统宝顶组灰白-黄绿色砂、砾岩及粉砂岩、泥岩互层（图 3-8（b）（c））；断层面发生强烈挤压变形，断层破碎带发育有厚约 0.3m 的角砾岩和碎粉岩，断层面上尚发育有少量薄层断层泥，但这些构造岩钙质胶结紧密（图3-8（d））。

图3-8 濑塔河水电站附近濑塔河右岸断层剖面

3）调查点6

靠近古佛山背斜南端，在堰塘山村北福高路边出露断层剖面，该剖面是背斜西翼展布的与背斜平行的次级断层；断层发育在侏罗系中统紫红色砂岩、泥岩地层中，地层倾向南西，倾角约50°；断层倾向北西，倾角约40°；断距约2m（图3-9）。

图3-9 堰塘山北福高路边断层剖面

3. 喻家寺向斜及其地表断层

1）调查点7

在古佛山背斜北西翼,沿着糟坊头至万田村一带的福清路边;地层以单斜为主,由于远离背斜核部,地层倾角较缓;总体倾向北东,倾角为10°~15°。岩性为侏罗系中统沙溪庙组黄灰色长石石英砂岩与紫红色泥岩互层(图3-10),说明华蓥山褶皱带是由一系列宽缓的向斜和狭窄的背斜相间组成的隔挡式背斜,远离背斜核部,地层倾角很快变缓。

图3-10 古佛山背斜北西翼糟坊头至万田村一带的地层剖面

2）调查点8

在古佛山背斜北西翼,史家湾子东福清路边,发现盆地内的次级断层(图3-11);断层两侧地层为侏罗系中统沙溪庙组黄灰色长石石英砂岩与紫红色泥岩互层。剖面中有2条断层,一条F1倾向南,断层面下缓上陡,下部倾角约30°;另一条F2为反倾断裂,倾向北,倾角40°;F2断层向下延伸汇入F1断层。该断裂在,遥感影像上线性特征并不明显,且断续分布,延伸不长;推测为盆地内的次级断层。其活动性弱,不具备发震能力。

综上所述,基于区域上华蓥山断裂带的性质、历史地震分布、地表断层出露以及断错地貌分析等背景资料分析,结合震区附近的两条断层活动性地质地貌调查,初步认为:

(1)震区附近断层晚第四纪(12万年)以来活动性较弱,为中更新世晚期至晚更新世早期活动断裂。

(2)震区附近盆地内(喻家寺向斜区)无大规模断层,未发现明显的北西向断层。

(二)大地电磁探测

泸县地震区的L3MT剖面沿北西-南东向布置(图3-12)。该剖面上地表到3km深度范围的深部电性结

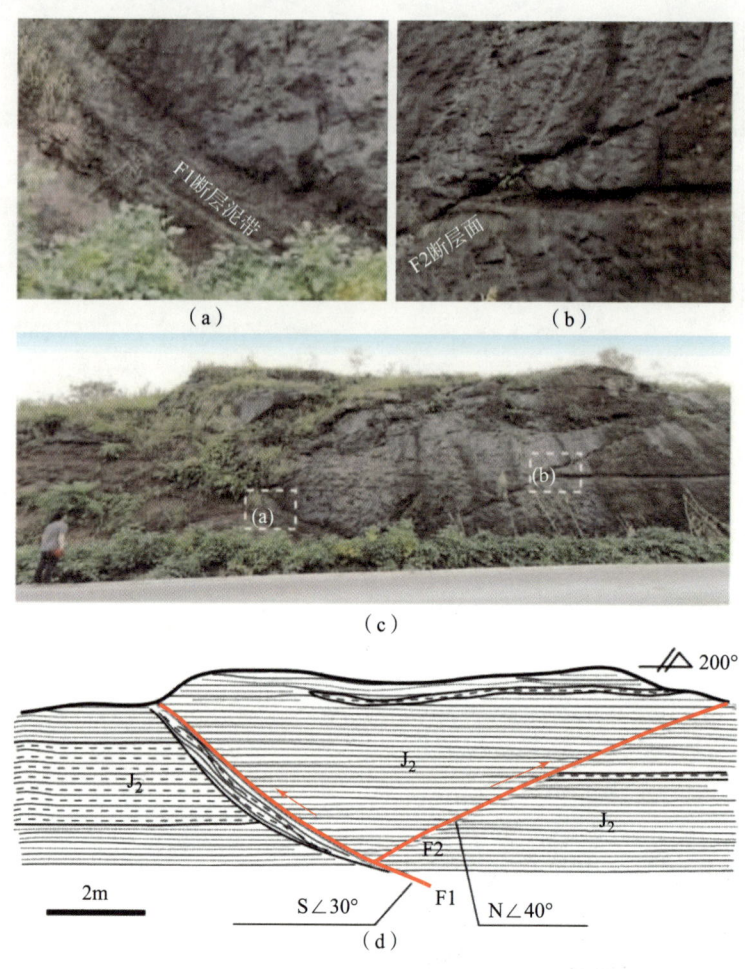

图3-11 古佛山背斜北西翼，史家湾子东福清路边断层剖面

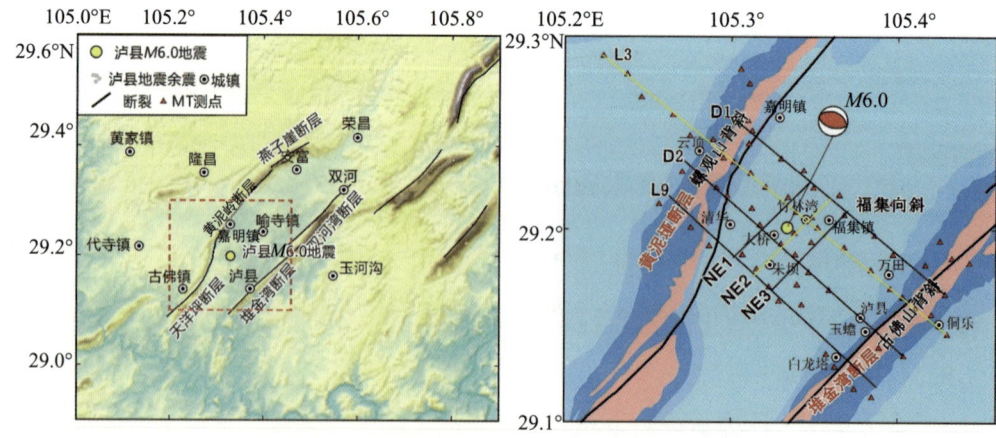

图3-12 泸县地震区大地电磁观测点分布图

构与地表出露的两个背斜以及所挟持的喻家寺向斜构造体系对应。螺观山背斜和古佛山背斜下方显示为高电阻特征，喻家寺向斜区域内电阻率结构总体表现为低阻盆地样式，但即使在低阻背景之下也有相对的电性横向差异：在地震宏观震中附近的竹林湾西北侧为低阻性质，竹林湾到福集镇区间则是高阻结构（HRB）。在约3km深度下电阻率结构趋于均匀，为成层性较好的低阻结构（HCL），如图3-13所示。

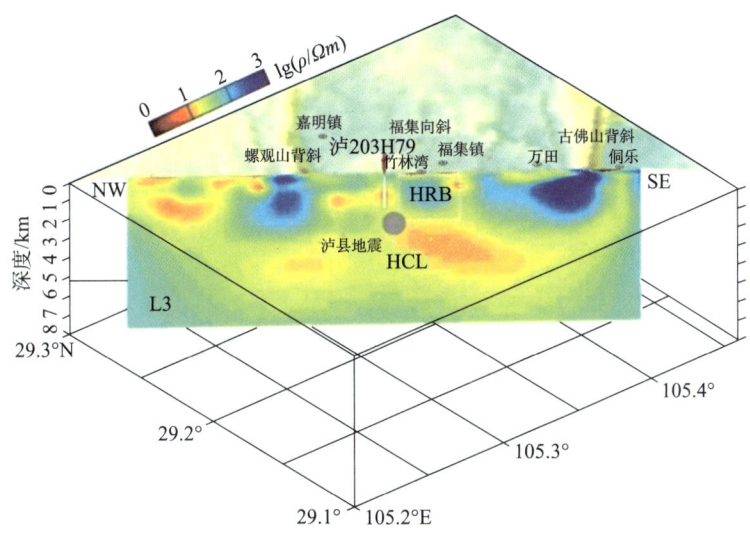

图3-13 沿L3剖面北西-南东向跨过螺观山背斜、古喻家寺向斜、佛山背斜的深部电性结构

图3-14展示了L3和与其交叉的NE2剖面的立体电阻率结构，并给出了跨过地震区几条剖面的深部电性结构图。这些电磁剖面结果揭示竹林湾一带在约3km深度以上的HRB结构，除L3测线外，在与其平行的D2剖面和与其交叉的南西-北东向布置的NE2剖面上都相应存在。

泸县地震宏观震中位于竹林湾一带，定位后的位置在竹林湾到大桥一带，震源深度在3~6km内，易桂喜等（2021）研究确定泸县地震矩心深度为3.5km。

泸县地震宏观震中区域位于竹林湾一带的高低阻介质交会区附近，震源深度选取矩心深度3~4km区间，则泸县地震震源区就处于上覆高阻体（HRB）和下部低阻层（HCL）的交会处，横向空间上处于西北和西南侧的低阻介质与东北、东南侧高阻介质的电性差异带附近。泸县地震震源区深部介质高、低电阻率不均匀性质的介质组合形式，可以较好解译泸县地震的发生的深部孕育环境。泸县地震

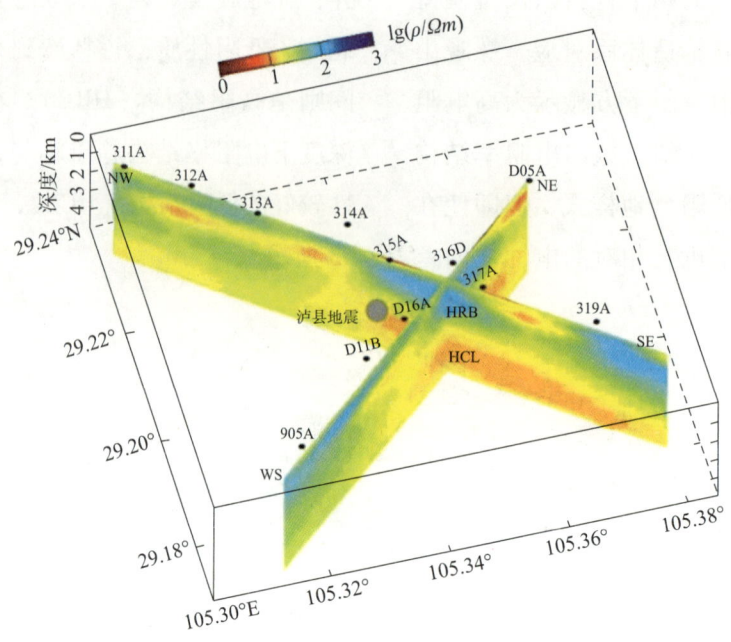

图 3-14 跨过泸县地震区北西和北东剖面的深部电性结构垂向切片立体展示图

区所处的喻家寺向斜在地表到深度约 3km 以上区域电阻率结构有横向差异。

泸县地震震源机制解指示了北西-南东向的发震构造，震源区深部介质也具有北西和南西低阻，而北东和南东高阻的性质差异（图 3-15 中的 L3 和 NE2 剖面）。这种空间上深部介质的电性差异较好解释了泸县地震震源机制解为北西-南东向，而不是地表看到的北东构造走向。

将精定位后的余震数据（由李大虎提供；沿电磁剖面两侧各 500m 范围的余震）投影到图 3-15 中的深部结构剖面图上，可见小震大部分分布在低阻层（HCL）内部，应为泸县地震主震发生后，低阻结构（HCL）稳态被打破，导致余震丛集在低阻介质内。

（三）人工地震反射剖面解译

泸县位于四川盆地腹地，晚侏罗纪以来，发育侏罗山式褶皱，属于华蓥山断裂体系的典型构造样式（图 3-16）。研究区总体缺失了新生代、白垩纪地层，地表出露以侏罗系和上三叠统为主。三叠系、二叠系发育，缺失了晚古生代的石炭系和泥盆系；二叠系与早古生代的志留系平行不整合接触，下伏奥陶系、寒武系，以及震旦系和结晶基底。研究区志留系和寒武系发育的泥页岩层为相对软

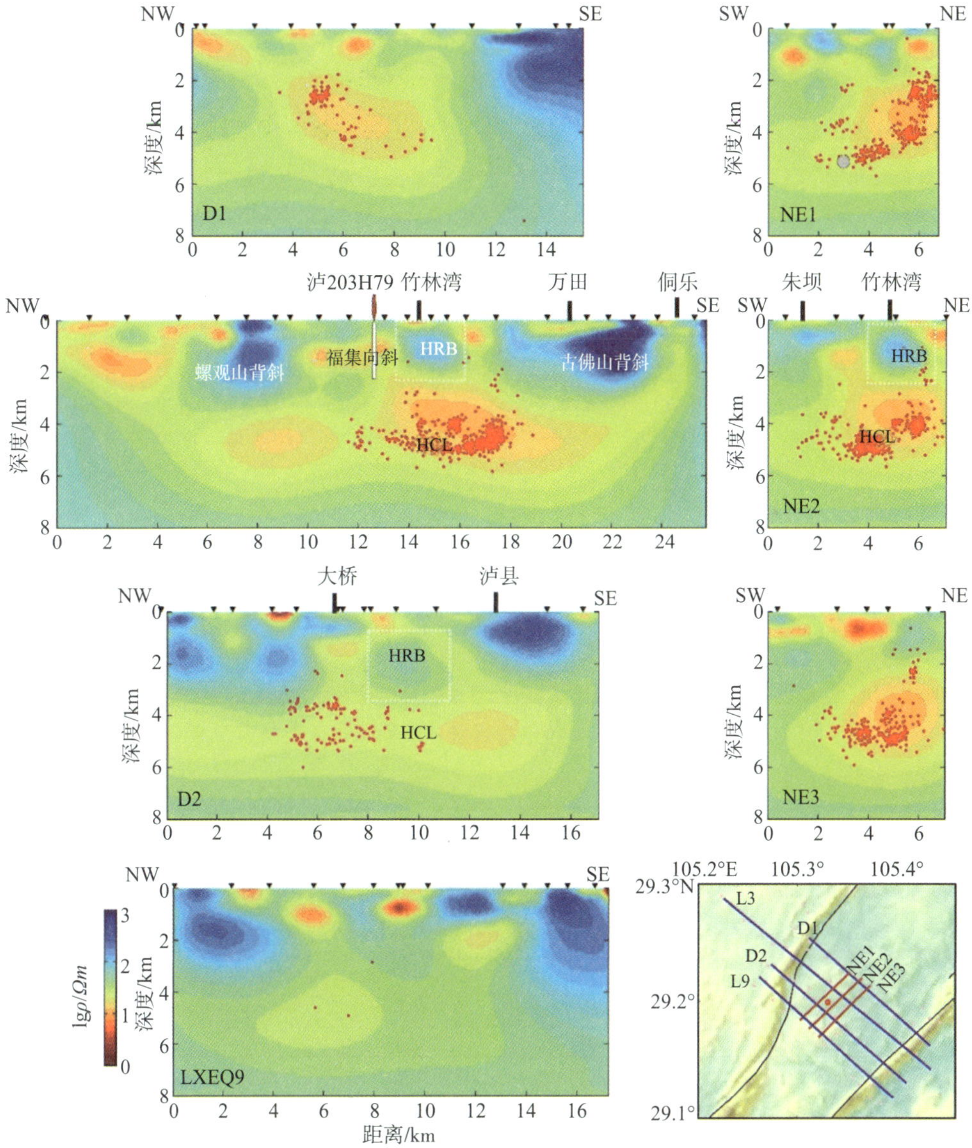

图 3-15 泸县地震区 4 条北西-南东向和 3 条南西-北东向深部电性结构垂向切片图

（余震数据来源于四川省地震局李大虎；选取剖面两侧各 500m 的余震）

弱的地层，也是川南地区典型的滑脱层。大多数断层发育在这两套滑脱层之上。地表出露的断层主要沿着隔挡式背斜分布，目前这些断层主要形成于新生代之前，现今活动性因缺少晚新生代的沉积而很难开展年代学的约束。

地震反射剖面 A-A′为过泸县 6.0 级地震震中，长约 50km 的剖面，如图 3-16 和图 3-17 所示。从北西向先后覆盖圣灯山背斜、螺观山背斜、古佛山背斜，一直到南东向的九奎山背斜。

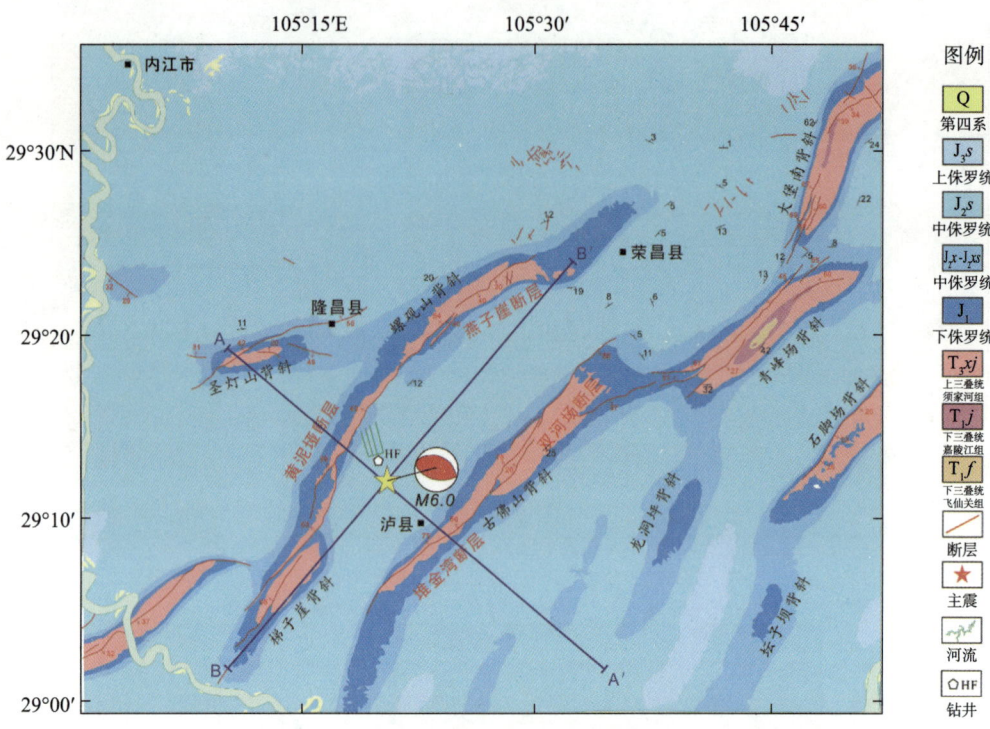

图3-16 四川泸县6.0级地震震区地质构造与反射剖面示意图

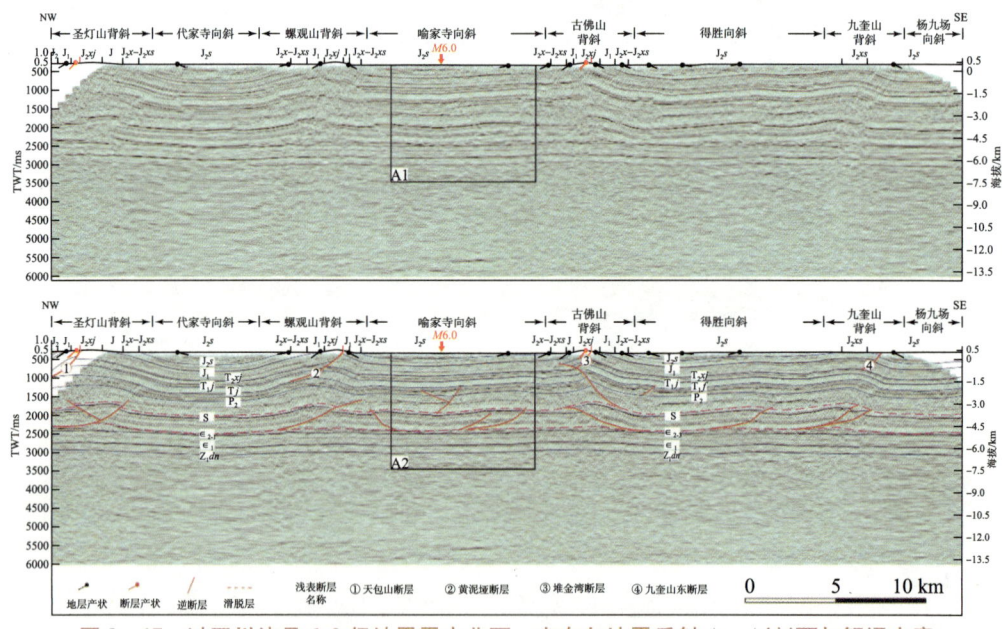

图3-17 过四川泸县6.0级地震震中北西-南东向地震反射A-A'剖面与解译方案

本次泸县6.0级地震震中位于喻家寺向斜（也称喻家寺向斜）下方。通过对地震反射波组特征的识别和分析，在下志留统龙马溪组之上和下三叠统飞仙关组之间，识别出一组逆断层，为呈"Y"字形组合的冲起构造，如图3-18所示。在志留系和中上寒武系滑脱层之间，也发育一组逆断层，呈叠瓦展布。

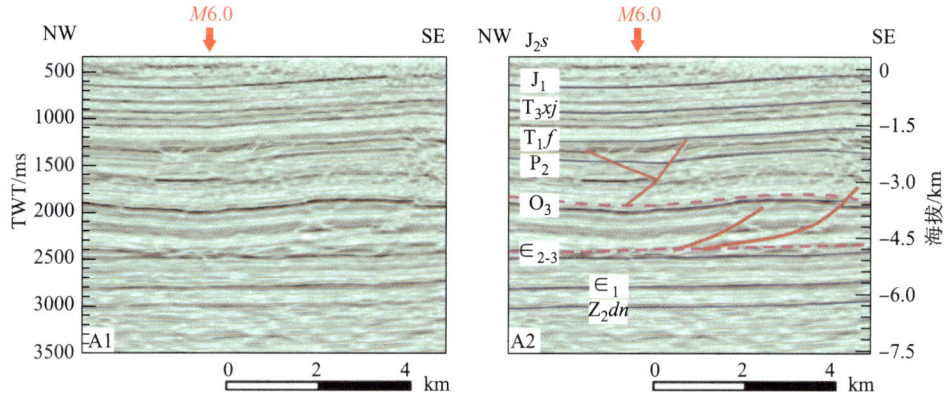

图3-18 泸县6.0级地震震中区北西-南东高分辨反射地震构造解译

同时根据震区下二叠统底界的构造图可以看出，在深度2.4~2.5km处的确存在多条北西-南东向的逆断层（图3-19）。这些隐伏断层的展布方向总体与华蓥山断裂和褶皱系统是一致的，表明地下的隐伏断层的产生与华蓥山褶皱带的形成是密切相关的。然而这个深度的断层，显然与主震深度和震源机制分析的发震断层不吻合。

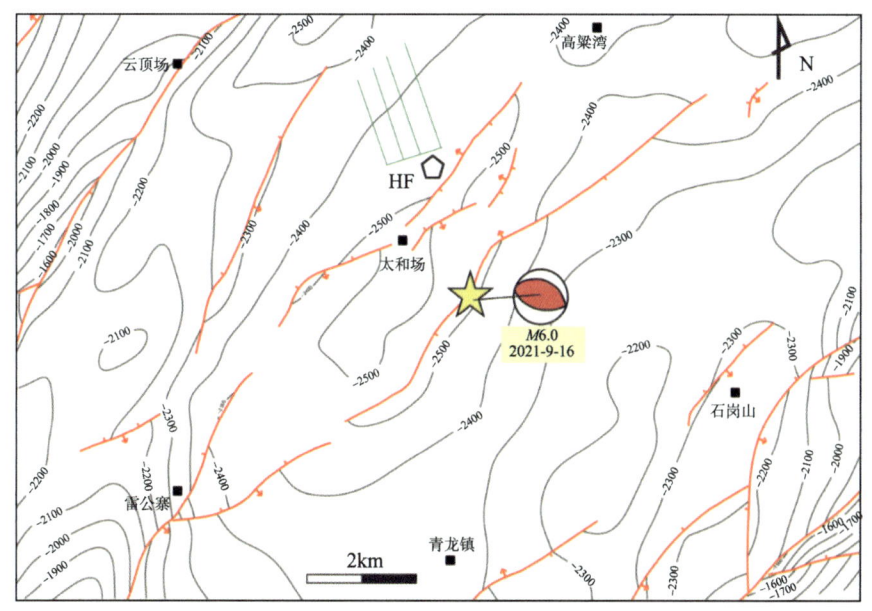

图3-19 四川泸县6.0级地震震中区下二叠统底界构造图

根据震区上奥陶统五峰组界的构造图可以看出,在深度3.5~3.6km范围(图3-20),震中靠近向斜核部,总体构造比较平缓,震中位置没有发现明显的断层。这个深度的断层的总体展布也与华蓥山断裂和褶皱系统保持一致。

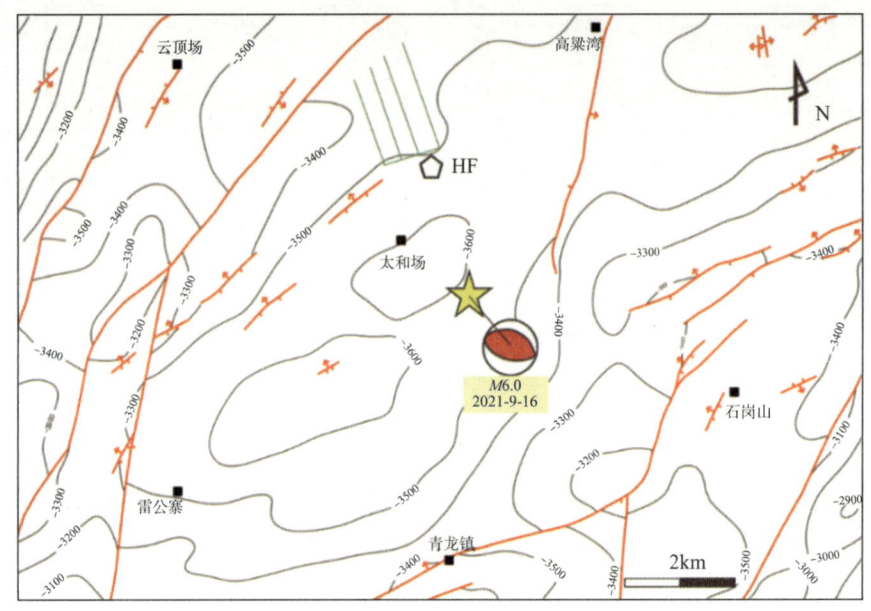

图3-20　四川泸县6.0级地震震中区奥陶系五峰组底界构造图

根据震源机制解和小震活动的分布特征,推测泸县6.0级地震的发震断,走向为北西-南东。因此,要识别出发震断层,宜采取近垂直该发震的地震剖面。地震反射剖面B-B′为南西-北东向,长约53km,过泸县6.0级地震震中,如图3-16和图3-21所示。

该剖面南西向穿过梯子崖背斜,北东向抵达螺观山背斜的北东部位。对该剖面的解译有利于识别发震断层。地震剖面解释发现该剖面浅部断层并不发育,断层主要发育在两套滑脱层之间,主要为断层传播褶皱和断层转折褶皱的构造样式。

位于喻家寺向斜的震中区域,波组特征总体连续性较高,仅在寒武系内部发育一些小型断层(图3-22);在下三叠统和上奥陶统之间,也能发现一些反射波组断错的特征,分析认为与上述浅层的北东-南西向断层有关,如图3-18和图3-19所示。

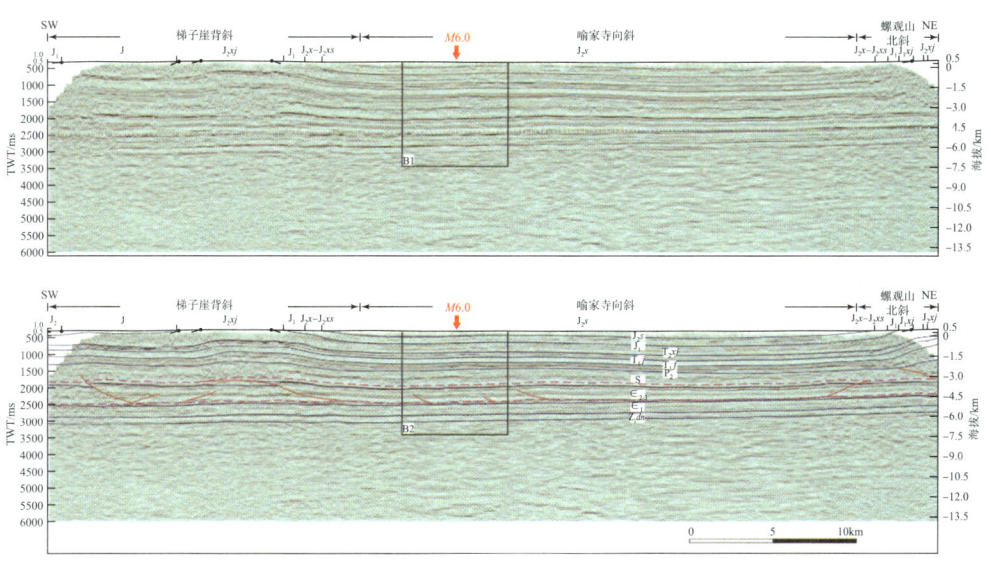

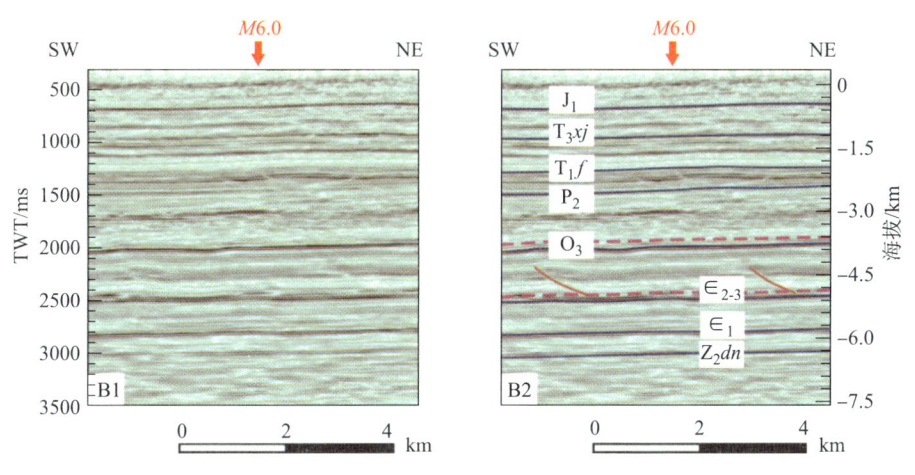

图3-21 过四川泸县6.0级地震震中南西-北东地震反射B-B'剖面与解译方案

图3-22 泸县6.0级地震震中区南西-北东向高分辨反射地震构造解译

五、小　结

（1）震区两侧北东向的螺观山—梯子崖背斜和古佛山背斜及相关断裂未在该次地震中活动，且晚第四纪活动性较弱，不是本次地震的发震构造。

（2）震区附近盆地内（喻家寺向斜区）无大规模断层，地表未发现明显的北西向断层。

（3）震源区附近的电阻率结构在地表到约3km深度区间存在横向电性差异，约3km深度之下电阻率结构为成层性较好的低阻结构。

（4）震源区深部介质具有北西和南西低阻、北东和南东高阻的特征，这种空间上的电性差异较好解释泸县地震震源机制解为北西－南东方向，而不是地表能看到的北东向构造。

（5）震源区在垂向上处于上覆高阻体（HRB）和下部低阻层（HCL）的交会处，在横向上则处于北西和南西侧的低阻介质与北东和南东侧高阻介质的电性差异带附近。

（6）震区古生界存在以泥页岩为代表的滑脱层系，以薄皮逆冲构造为主，形成断层相关褶皱并控制盆地内部的构造变形。

（7）震中位置的滑脱层之上发育多条北东－南西向的小型断层，但与震源机制解给出的北西－南东向浅源发震断层不匹配。

（8）震中区域的浅层盖层中尚未发现与震源机制和余震序列吻合的发震断层，表明了此次泸县地震的复杂性，这为评估区域的潜在地震风险带来了很大的不确定性。

第四章

四川泸县6.0级地震震源参数精准测定专题总结报告

摘　要

四川泸县6.0级地震科考"震源参数精准测定"专题针对科考目标和主要任务，分别开展了震区流动密集地震台阵的野外观测，包括新建25个短周期台站和15个实时宽频带地震台站，并开展了震源参数精准测定的室内研究。本次专题科考研究表明：①主震和震区周边地震均为浅源地震，主震矩心深度仅为3.3km，余震平均深度为3.6km；②主震震源机制为逆冲型、矩震级M_W5.4，发震断层面倾向为南西；③余震区长轴约6km、方向为北西，余震区存在多条断层同时活动，震后周边发生的多次3.0级以上地震不在余震区；④主震前震区周边存在多条明显线状几何特征、震源较浅的地震分布。上述研究结果对地震发震构造和构造变形机制、孕震环境和震源过程的认识等问题，分别给出了主震发震构造及其几何特征的地震学依据，区分确认了余震区的真实范围、展示了震前震区周边多条浅部构造的地震活动，为地震危险性分析提供了科学约束。

一、工作概况

（一）目标与任务

泸县地震科考"震源参数精准测定"专题的目标与任务是：利用震区已有流动地震观测台站并新增超密集短周期地震台阵，测定主震和地震序列的位置、深度、矩张量等震源参数，为科学认识此次地震成因机理提供科学参考。

（二）工作团队

泸县地震科考"震源参数精准测定"专题的工作团队由中国地震局地球物理研究所（简称"地球所"）、中国地震局地震预测研究所（简称"预测所"）的专家组成，共计12人。其中正高级职称2人、副高级职称6人、中级职称4人。具体参加人员信息如下。

负责人：蒋长胜（地球所）、王未来（地球所）、赵翠萍（预测所）。

参加人：来贵娟（地球所）、陈明飞（地球所）、张龙（地球所）、翟鸿宇（地球所）、郭祥云（地球所）、尹凤玲（地球所）、尹欣欣（地球所/甘肃局）、左可桢（预测所）、王洵（预测所）。

（三）地震科考实施过程

泸县地震科考"震源参数精准测定"专题的实施工作主要包括野外密集台阵观测和室内研究两部分。实施周期为2个月，其中野外观测工作早于中国地震局泸县地震科考正式启动，于震后当天即赶往震区。

1. 在震区及周边开展密集台阵观测

"震源参数精准测定"专题的工作团队在泸县6.0级地震发生后当天，即9月16日便前往震区现场开展流动密集地震台阵观测。截至2021年10月1日，共计形成61个短周期地震台站组成的密集台阵和20个实时传输的宽频带地震台站。

（1）9月18—20日，在泸县及周边已布设的短周期地震台阵基础上，新增布设短周期台站25个，以快速形成对余震和震区周边地震的监测能力。

（2）9月20—24日，巡检在泸县及周边布设的短周期地震台阵，维护、维修短周期台站36个、宽频带台站5个，并进行数据回收。

（3）9月25日—10月1日，在泸县及周边已布设的短周期地震台阵基础上，新增堪选并布设宽频带地震台站15个，均具备实时传输能力。

2. 室内震源参数精准测定工作

"震源参数精准测定"专题的工作团队围绕四川泸县6.0级地震震源参数精准测定的科考目标和科考工作内容，在室内研究中主要开展了如下工作：

（1）用多种研究方法测定了主震震源深度、矩张量，并反演了发震断层面，为发震机理和震源性质提供了重要参考。

（2）利用密集台阵数据测定了余震基本参数，给出了余震区空间范围、区分了余震区和周边地区地震活动区；给出了可能的发震构造几何特征。上述结果持续更新，为震区地震危险性跟踪、发震构造研判，提供了重要支撑。

（3）针对3.0级以上余震和周边地震，及时测定震源机制，给出矩心深度，辅助科考组研判地震性质和震区地震危险性。

（4）参加中国地震局科技专报编写，为地方减灾服务。参与了中国地震局科技与国际合作司组织的泸县地震科技专报编制。为泸州市和泸县政府部门提供了地震减灾科技服务；参与了四川省地震局牵头的泸州市应急管理局地震风险管控方案编制。

二、现场工作

现场工作任务："震源参数精准测定"专题进行的现场工作主要是前往震区现场开展流动密集地震台阵观测，包括：①维护、维修36个短周期地震台站和5个宽频带地震台站、新建25个短周期地震台阵和15个实时传输的宽频带地震台站，总计现场工作的地震台站81个；②开展流动密集地震台阵的运行维护、数据现场采集。

现场工作人员共计4人，均来自地球所，包括王未来、张龙、陈明飞、陈立艺（硕士研究生）。

现场工作时间：2021年9月18日—10月1日。

现场工作成效：①形成对泸县地震震区及周边 $M_L<0.5$ 的地震检测能力，以及 $<1km$ 的地震定位精度；②形成对泸县地震震区及周边实时的宽频带地震数据获取能力。

三、数据获取情况

"震源参数精准测定"专题获取的数据包括:

(1) 观测点位数量,包括61个短周期地震台站、20个宽频带地震台站,合计点位81个。

(2) 连续地震记录时长。截至11月2日,共获取短周期地震台站连续记录47天,获取宽频带连续地震记录32天。

(3) 地震事件数量。截至11月2日,短周期地震台阵和宽频带地震台站共获得地震事件记录14641个(震后4405个)。

四、研究分析成果和新认识、新发现

(1) 主震为浅源地震,矩心深度约为3.3km,震源机制为逆冲型、矩震级 $M_W 5.4$,发震断层面为南西倾向。

任务组利用 Rapidinv 方法及震区周边 400~500km 范围内的 29 个宽频带固定地震台站,计算获得了泸县 6.0 级地震的矩张量解。结果显示,此次地震矩心深度约为 3.3km、矩震级 $M_W 5.4$,震源机制为逆冲型,两个节面分别为:走向 105°、倾角 61°、滑动角 90°;走向 284°、倾角 29°、滑动角 89°。破裂方向分析计算结果表明,此次地震为双向破裂,发震断层面可能为走向 105°、倾角 61°、滑动角 90°的节面。

(2) 震区周边 $M>3.0$ 地震的矩张量解结果显示了北东、北北东、北西等与主震明显不同的断层参数,多数事件较浅、矩心深度均仅为4km左右。静态库仑应力变化结果显示泸县地震后的 $M>3.0$ 地震不在库仑应力增加区。

任务组利用震区周边 50~250km 范围内的宽频带固定地震台站,采用贝叶斯自助优化矩张量反演程序,计算获得了 2019 年 1 月以来发生在泸县的 8 次 3.0 级及以上地震的矩张量解(图 4-1)。

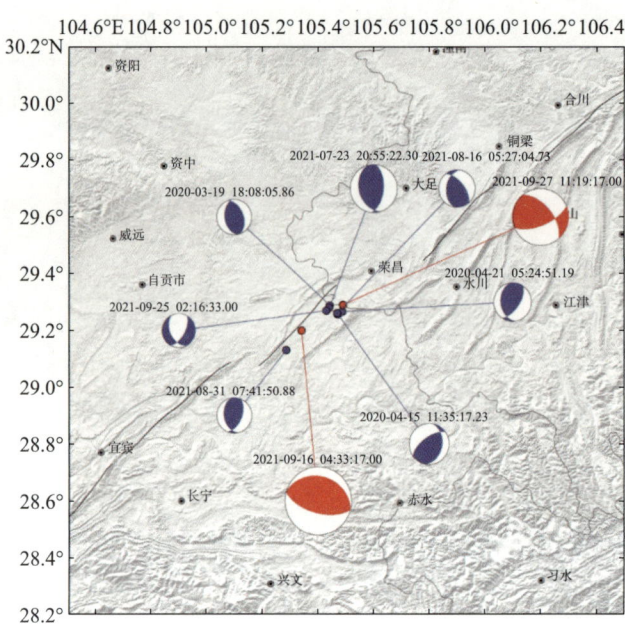

图 4-1　四川泸县 3.0 级及以上地震震源机制

计算结果显示，除 9 月 25 日 3.1 级地震为正断层型外，其余地震为逆冲型。在矩心深度上，除 2020 年 3 月 19 日 3.0 级地震的震源深度略深（达到 6.8km）外，其余事件矩心深度均为 4km 左右。这些 $M>3.0$ 地震的矩张量解结果显示了北东、北北东、北西等与主震明显不同的断层参数，表明存在于主震和余震明显不同的发震构造环境，为确定余震区范围、震区周边地震危险性分析提供了参考依据。

进一步地，利用 HybridMT 方法还计算了震区及周边 89 例 $M_L \geq 2.0$ 地震的矩张量解。分类结果显示，矩张量除双力耦（DC）成分外，还包含明显的各向同性部分与补偿线性矢量偶集（CLVD）成分（图 4-2），这说明沿断层面的滑移还有明显的拉张或压缩形变。将反演所得矩张量结果展示在 Hudson 图中，可见这些地震具有较广泛的纯剪切双力耦组分，同时含有一定量的体积组分。并且，地震事件趋向于 ±LVD 型震源（图 4-3），这对应了断层的单项拉张与闭合运动。

为考察主震引起周边断层的库仑应力变化，并作为研判泸县 6.0 级地震后发生的多次 $M>3.0$ 地震是否位于余震区，任务组使用 PSGRN/PSCMP 对该地震引起的同震库仑应力变化进行了计算（表 4-1）。

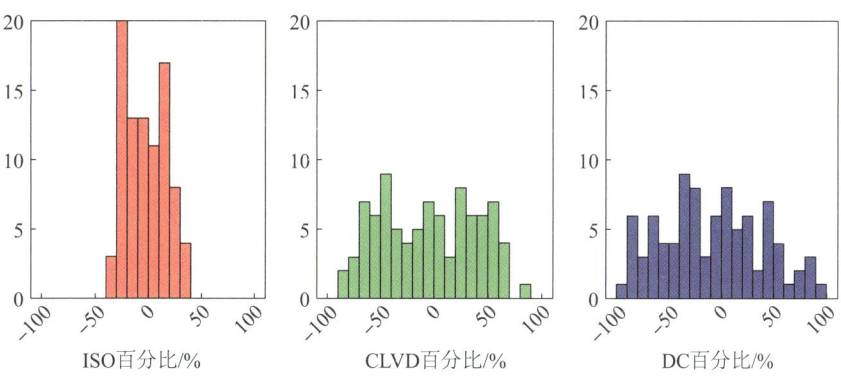

图4-2 泸县6.0级地震序列（$M_L \geq 2.0$）的矩张量分解结果统计分析

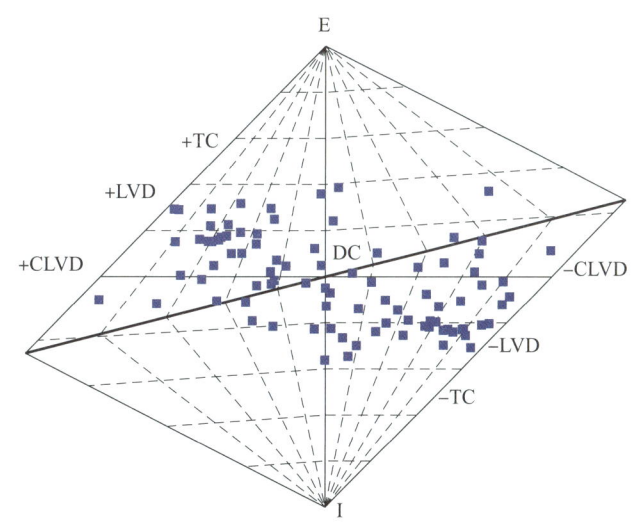

图4-3 泸县6.0级地震序列（$M_L \geq 2.0$）的矩张量Hudson图示结果

表4-1 地壳分层模型（王椿镛等，2008）

深度/km	V_P/(km·s^{-1})	V_S/(km·s^{-1})	Rho/(kg·m^{-3})
0~8	6.05	3.42	3296.67
8~22	6.05	3.42	3296.67
22~32	6.35	3.59	3396.67
32~40	6.75	3.81	3530
40~44	7.05	3.98	3630
>44	8.1	4.58	3980

发震断层参数采用地球所郭祥云反演的震源机制解（倾角=105°、倾向=61°、滑动角=90°）。滑动破裂采用预测所洪顺英等的破裂模型（长=4.57km，宽=2.85km，滑动量=0.35m，参考点TC（N29.22°，E105.33°）；沿走向和倾向距离分别为pos_s=2.285m，pos_d=1.425m）。接收断层采用华蓥山

断裂带的滑动性质（倾角＝30°、倾向＝75°、滑动角＝154°）（盛强和谢新生，2010；贺曼秋等，2012）。静态库仑应力变化结果（图4-4和图4-5）显示，泸县6.0级地震后的$M>3.0$地震不在库仑应力增加区，由此支持这些$M>3.0$地震所在区域不是泸县6.0级地震余震区的观点。

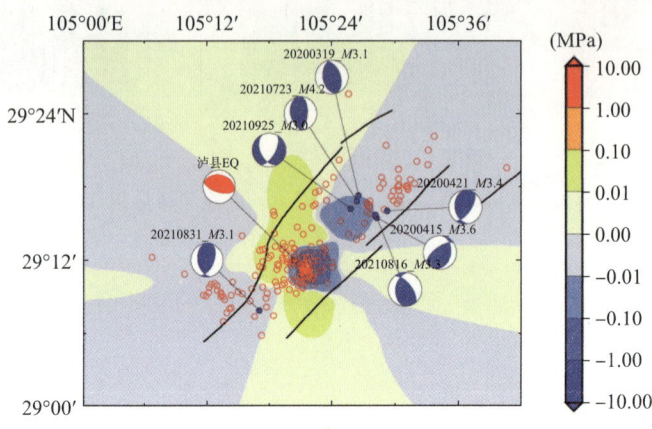

图4-4　深度为3.5km的库仑应力变化分布

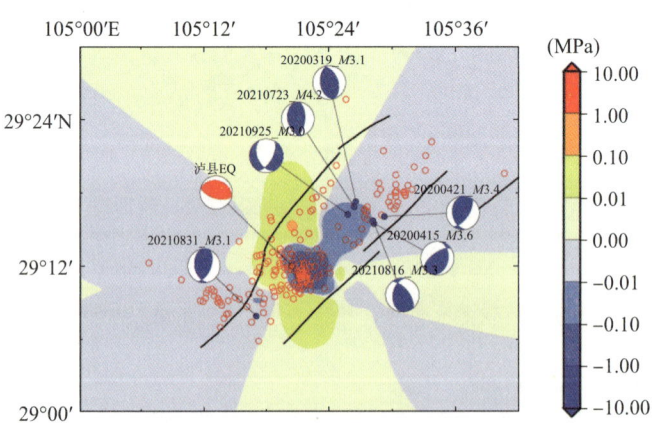

图4-5　深度为4km的库仑应力变化分布

图中，红色震源球 为2021年9月16日泸县6.0级地震。红色空心圆 使用中国地震台网中心的地震编目系统《统一快报目录》数据。蓝色震源球 为周边的3级左右地震震源机制。

（3）余震定位结果（图4-6和图4-7）显示，余震区长轴约6km，这与主震震级折算的破裂尺度相当，震后周边发生的多次3.0级以上地震不在余震区。余震震源深度较浅，平均深度较浅（仅为3.6km）。余震区存在多条断层同时活动。

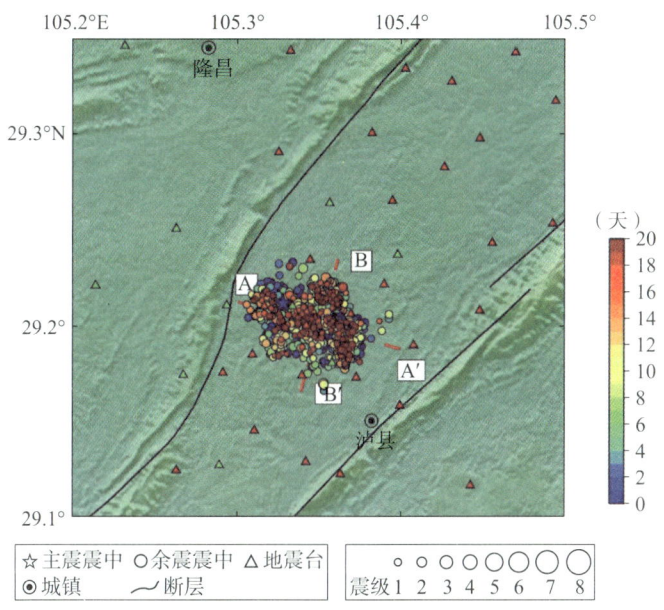

图4-6 利用PhaseNet和HypoDD对泸县6.0级地震余震区的精定位结果

图中，红色台站 ● 为震前已有台站，蓝色台站 ● 为震后补充观测的短周期台站。

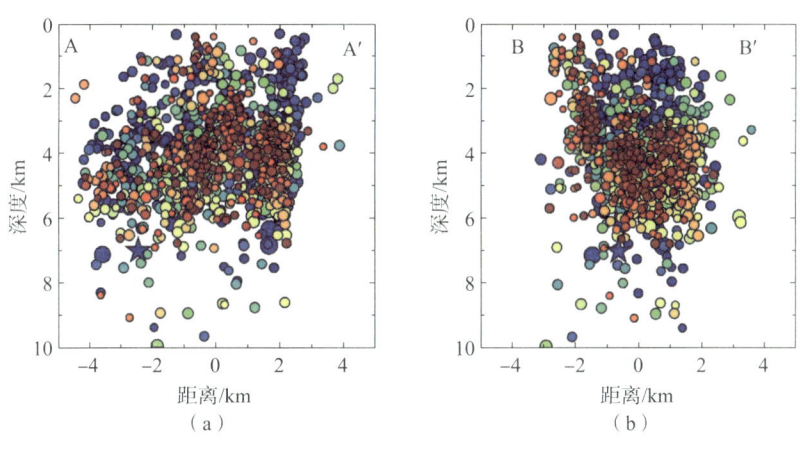

图4-7 泸县6.0级地震余震区深度剖面图

任务组利用收集的流动密集短周期台阵资料，重点对余震区进行人工智能PhaseNet方法的震相检测识别和关联。定位结果显示，余震区长轴约6km、与主震震级折算的破裂尺度相当，余震平均深度较浅仅为3.6km。余震区存在多条断层同时活动。深部剖面显示，主震位于南倾的可能的主破裂面上。此外还可能存在北倾的反冲断层，反冲断层上的余震主要发生在震后早期。

（4）余震及周边地震重新定位结果显示，泸县地震前震区周边存在大范围的明显线状几何特征的地震分布，绝大多数地震震源深度<6km。

震前2021年4月10日以来的全部记录地震的定位结果（图4-8~图4-11）显示：①震前震区及周边存在大量的地震活动，并具有明显的北东、北北东、北西西向的大尺度的线状几何特征分布，震后上述地震密集线状地震活动继续扩展，具有明显的构造活动迹象；②地震震源深度较浅，绝大多数地震震源深度<6km、全部地震的平均震源深度为3.5km，泸县6.0级地震的破裂起始深度为6.8km。

上述定位结果为进一步确定泸县6.0级地震的发震构造、震区周边的地震危险性分析以及主震和震区周边地震活动性质的判断，提供了科学参考。

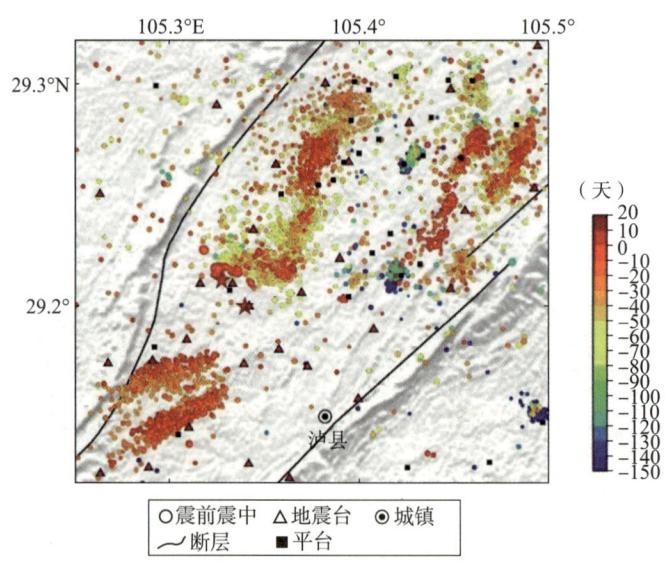

图4-8 泸县6.0级地震前震区及周边地震分布

图中，地震记录时间为2021年4月10日—10月8日，不同颜色表示自2021年4月10日15：00：00起始的时间，单位为天。主震震中由五角星标出，两个五角星位置分别为本研究给出的精定位结果（105.328°E，29.212°N）和中国地震台网定位结果（105.34°E，25.20°N）。

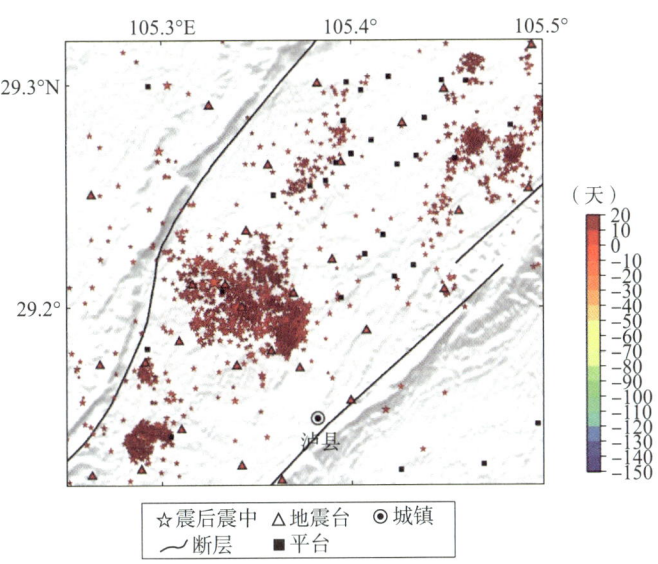

图 4-9　泸县 6.0 级地震发生后震区及周边地震分布

图中，地震记录时间为 2021 年 9 月 16 日—10 月 8 日，不同颜色表示自 2021 年 4 月 10 日 15：00：00 起始的时间，单位为天。主震震中由五角星标出，两个较大的五角星位置分别为本研究给出的精定位结果（105.328°E，29.212°N）位置为和中国地震台网定位结果（105.34°E，25.20°N）。

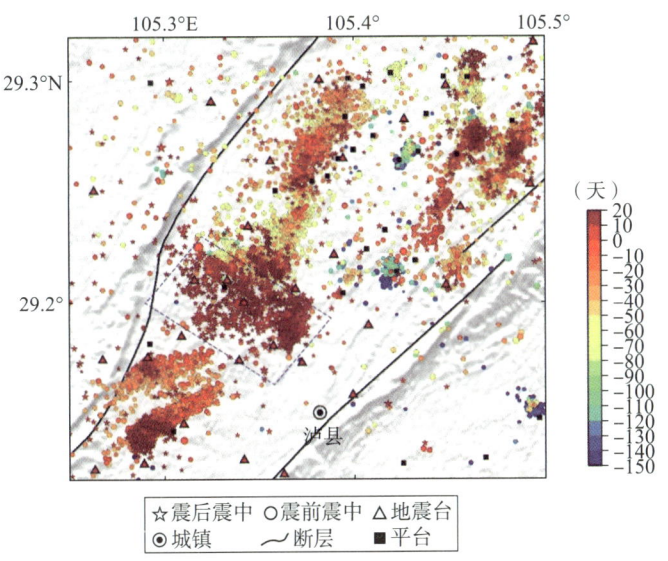

图 4-10　泸县 6.0 级地震震区及周边地震分布

图中，地震记录时间包括震前和震后的全部时段，2021 年 4 月 10 日—10 月 8 日，不同颜色表示自 2021 年 4 月 10 日 15：00：00 起始的时间，单位为天。

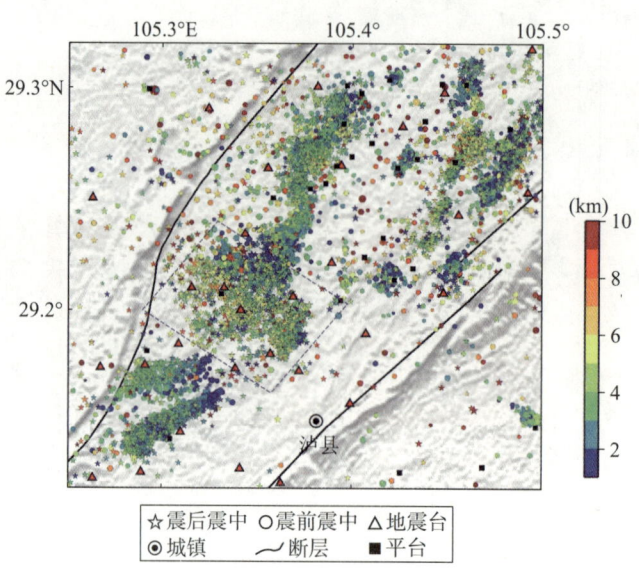

图 4-11　泸县 6.0 级地震前震区及周边地震的震源深度分布

图中，地震记录时间为 2021 年 4 月 10 日—10 月 8 日，不同颜色表示震源深度。

五、小　结

"震源参数精准测定"专题分别利用密集地震台阵观测数据及地震定位、矩张量反演、库仑应力分析的多种研究方式，针对泸县地震科考重要关切的科学问题提供了如下支撑：

（1）对于"地震发震构造和构造变形机制"问题，给出了主震发震构造及其几何特征的地震学依据。

通过主震矩张量反演、破裂方向分析、余震定位等结果，确认了主震震源深度较浅（初始破裂为 6.8km、矩心深度为 3.3km）、破裂面为北西西向、并向南亚方向倾斜。这为主震发震构造的确认提供了科学依据。

（2）对于"孕震环境和震源过程的认识"问题，区分确认了余震区的真实范围、展示了震前震区周边多条浅部构造的地震活动，为地震危险性分析提供了科学约束。

余震定位结果、库仑应力计算等结果，揭示了余震区仅为主震震中附近约 6km 尺度的区域，震后震区周边发生的多次 $M>3.0$ 地震不在余震区等认识。

地震定位结果显示，震前震区周边存在多条浅部构造的地震活动，具有明显的线状展布的几何特征。为地震危险性分析提供了科学约束。

第五章

四川泸县6.0级地震序列特征与区域地震危险性研究专题总结报告

摘 要

本专题利用四川区域台网的地震观测数据,开展了泸县6.0级地震及其序列地震的重新定位、机制解和应力场反演研究,获得了泸县6.0级地震及其序列特征、泸县地震发震构造和发震机理的认识;使用Sentinel-1A/B(升/降轨)卫星的同震数据,提取了泸县6.0级地震的同震变形场,反演得到泸县6.0级地震发震断层几何参数与断层滑动分布。取得的主要结论如下。

泸县6.0级主震震源参数:发震时刻为2021年9月16日04:33:31.83,震中位置为105.364°E、29.218°N,震源初始破裂深度为5.1km;矩震级为$M_W5.4$,矩心深度为3.5km。泸县6.0级地震发生在北东向华蓥山褶断带内部,震前具有少量前震活动,余震频次低、强度弱,最大余震(2.8级)与主震震级差3.2级,呈现为具有少量前震的孤立型地震序列特征。重定位后,泸县6.0级地震的余震序列由3条不同走向的地震条带组成,整体呈北西西向展布,长度约为5km,破裂规模较小,余震主要集中在序列的东端。

泸县6.0级地震震源机制为逆冲型,根据余震优势分布及InSAR数据揭示的同震形变场,走向北西西的节面为泸县6.0级地震的同震破裂面,即发震构造为北西西向且倾角约为45°,是四川盆地沉积盖层内北西西向隐伏逆冲断层在近南北向水平主压应力挤压作用下所发生,与震中附近的华蓥山褶断带西支断裂及附近已知的地表断层几何结构不一致。

泸县6.0级地震东北侧的2021年9月25日3.0级和9月27日3.0级余震,分别为近北北东-南南西走向的正断、逆冲事件。质心深度均为4～5km，破裂发生在盆地沉积层中。区域应力场反演结果显示，泸县地区处于南北向的挤压应力环境中。最大主压应力轴（σ_1）为近南北向，倾角近水平；最小主压应力轴（σ_3）倾角近乎直立。与华南地块区域构造应力场北西－南东向主压应力方向差异显著，揭示本次6.0级地震可能受局部应力场控制。

根据InSAR数据反演结果，泸县地震同震形变量达4～5cm，发震断层埋深为2.6km，走向为138.6°，倾向西南，矩震级为$M_W5.4$，为隐伏逆冲破裂。泸县地震对周边断层有约0.1kPa的影响。

一、工作概况

据中国地震台网正式测定，2021年9月16日04时33分在四川泸州市泸县发生6.0级地震，震中经度为105.34°E、纬度为29.20°N，震源深度为10km。根据此次地震科考工作计划，本专题回答的科学问题为：地震序列演化特征和区域地震危险性评估。在中国地震局科技与国际合作司的组织下，参加本专题研究的单位以中国地震局地震预测研究所、四川省地震局、重庆市地震局为主。参加人员合计14人。本专题主要以室内研究为主，资料来源有四川省地震台网、Sentinel-1 SAR数据等。

（一）目标与任务

开展震区及周边地震学参数测定和精准跟踪，包括中小地震的震源机制解、地震活动性参数 b 值时间过程参数等，研究四川泸县6.0级地震序列和区域地震活动特征；基于形变观测约束的断层几何、同震滑动与应力扰动，提取泸县地震的GPS同震变形，联合GPS/InSAR数据约束，获取泸县地震InSAR形变场，确定泸县地震的发震断层，计算泸县地震的同震库仑应力分布及其对周边断层的库仑应力扰动。

（二）工作团队

1. 地震活动时空过程的精细分析和动态跟踪

开展长期背景地震活动及此次地震序列的精确定位和活动特征研究，精细分析和动态跟踪地震时空活动过程、震源深度分布等，为分析地震发生与华蓥山断裂的关系、发震构造和后期震情提供信息。

参与人员：中国地震局地震预测研究所的左可桢、赵翠萍。

2. 泸县 M_S6.0 地震震源特征和应力场研究

用波形资料反演泸县6.0级地震序列及其周围历史地震（$M≥2.5$）的震源机制解，获得3.0级以上地震的震源机制、矩心深度等震源特征信息；结合波形特征、震中区域范围人工作业等对应力场的影响因素等，初步给出泸县6.0级地震成因、发震构造和地震活动特征的认识。

参与人员：中国地震局地震预测

研究所的罗钧、周连庆、赵翠萍；四川省地震局的易桂喜、宫悦、陈聪、祁玉萍。

3. 基于形变观测约束的同震形变、断层几何与应力扰动研究

获取泸县地震 InSAR 形变场，确定泸县地震的发震断层，计算泸县地震的同震库仑应力分布及其对周边断层的库仑应力扰动。

参与人员：中国地震局地震预测研究所的孟国杰、洪顺英、董彦芳；四川省地震局的徐锐。

4. 泸县 6.0 级地震序列和区域地震危险性研究

动态跟踪序列参数，研究泸县 6.0 级地震序列和区域地震活动特征，开展区域和序列地震活动参数计算。依据余震活动特征和序列参数变化趋势，结合周边历史地震序列特点，研究泸县 6.0 级地震序列特征，研判后续震情发震趋势对区域地震的指示意义。

参与人员：四川省地震局的张致伟。

（三）科考实施过程

1. 地震活动时空过程的精细分析和动态跟踪

基于中国地震台网提供的地震目录和震相数据，我们首先使用波速比一致性约束的双差层析成像方法，对泸县及周围地区 2009 年以来的地震活动进行了精定位并获得了该地区高分辨率的三维 V_P、V_S 和 V_P/V_S 模型（图 5-1 和图 5-2）。同时结合研究区内 b 值的时空分布，综合分析了该区域地震活动的特征和深部构造环境以及发震机理。获得的主要结论如下：重定位后，泸县 6.0 级地震的震源深度约为 4km，其余震序列由 3 条不同走向的地震条带组成，整体呈北西西向展布，长度约为 5km，破裂规模较小，余震主要集中在序列的东端。

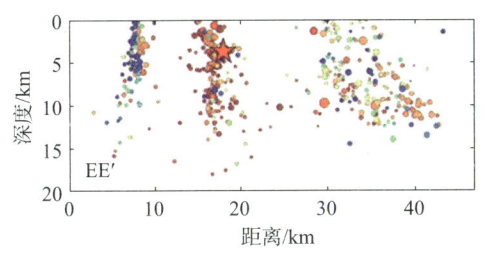 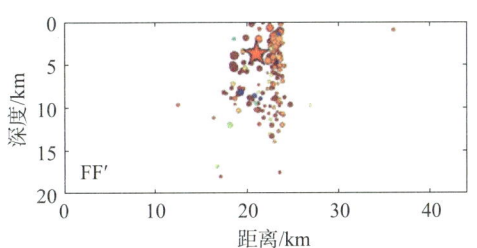

图 5-1　泸县 6.0 级地震发生后研究区内地震的时空分布

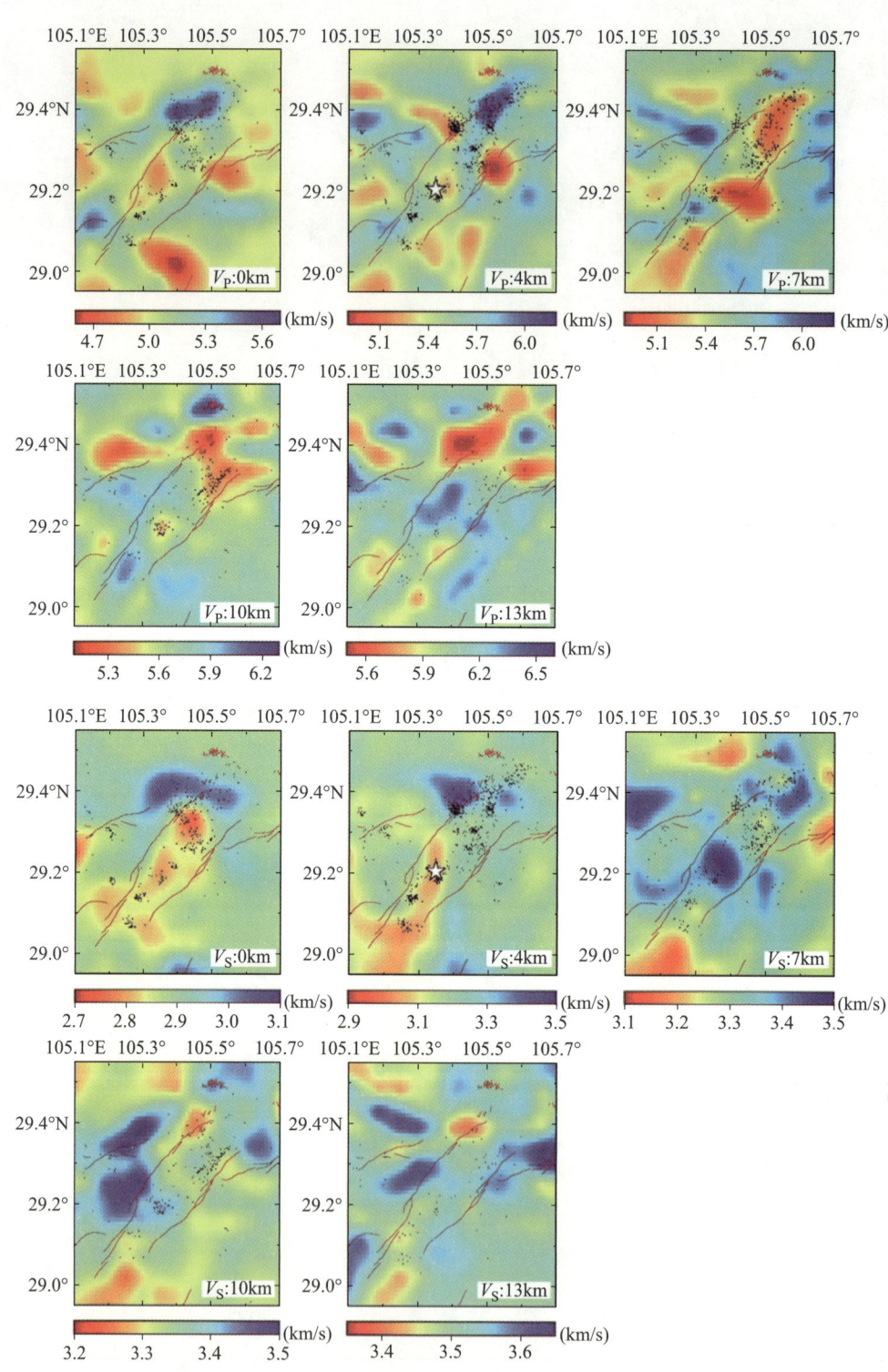

图 5-2 深度剖面上的速度分布

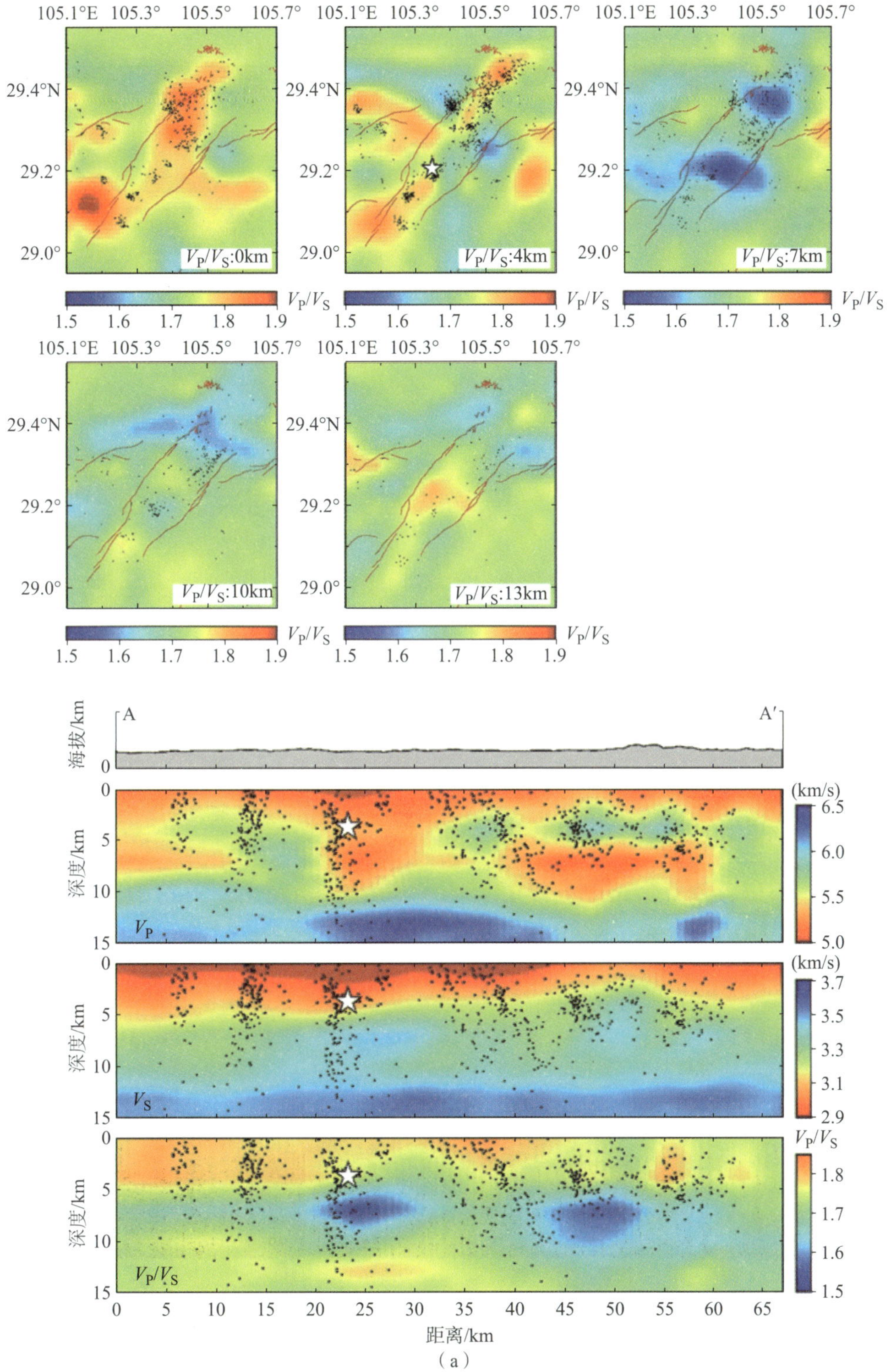

图 5-2 深度剖面上的速度分布（续）

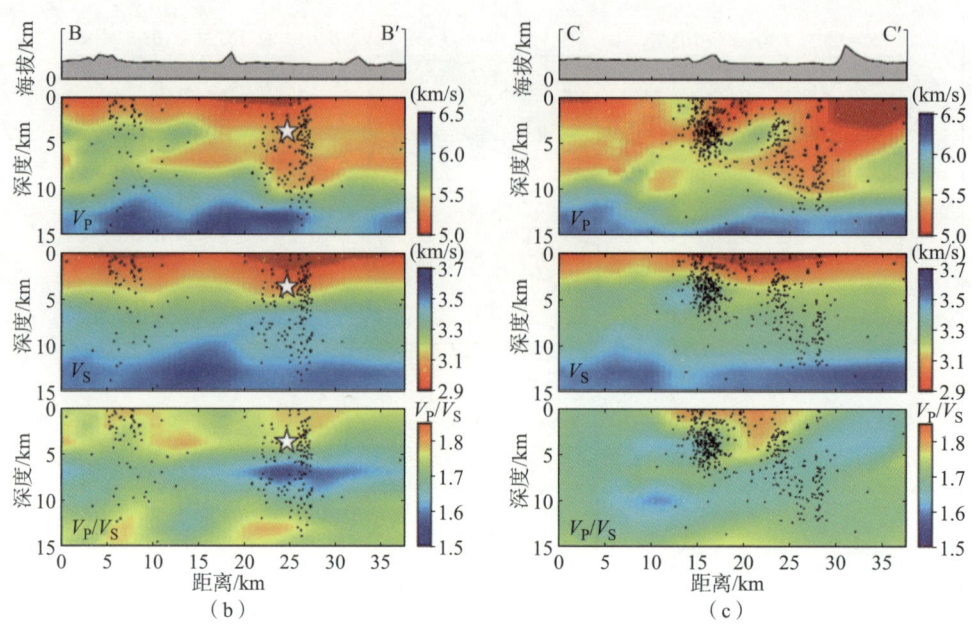

图 5-2　深度剖面上的速度分布（续）

（1）研究区内的 b 值在空间分布上也存在明显差异，反映了不同区域应力积累和介质性质的差异（图 5-3 和图 5-4）。

（2）泸县 6.0 级地震发生于高低速异常体的交界处，余震序列沿着 P 波高速异常体边缘展布，反映了地震活动受构造环境的影响。AA′和 BB′剖面显示泸县 6.0 级地震发生在 S 波高低速异常的交界处，震源下方为显著的低波速比区。结合该地区具有较低的 b 值，我们认为该区域在泸县 6.0 级地震之前可能已经积累了较高的应力，地震活动是在一定的构造环境下已有断层被活化导致的。

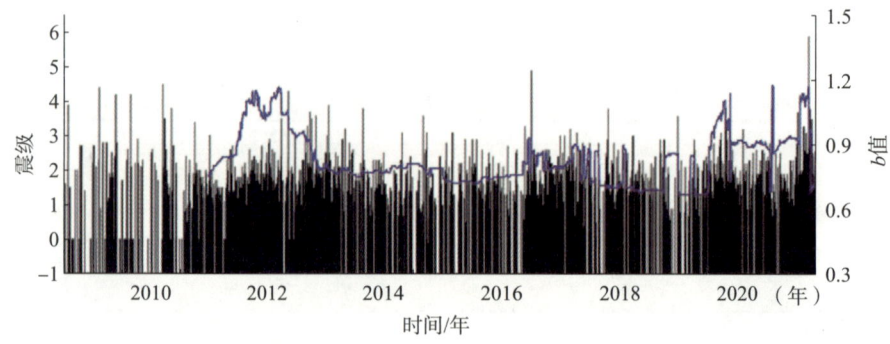

图 5-3　研究区内地震 $M-t$ 图、累积地震频次及 b 值随时间的变化

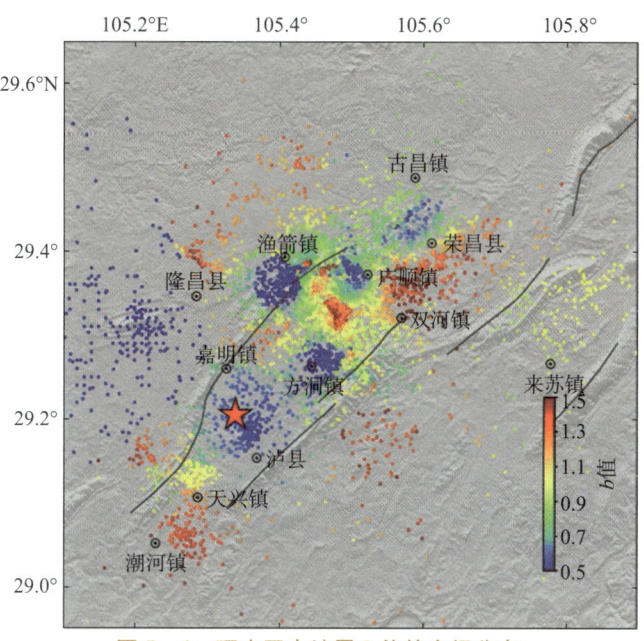

图5-4 研究区内地震 b 值的空间分布

2. 泸县地震及震源区地震机制解

1) 主震震源机制解

泸县6.0级地震发生后，国内外机构、研究团队都产出了震源机制解。中国地震局地震预测研究所的智能地动系统（EarthX）、USGS、GFZ及罗钧、郭祥云、韩立波、雷兴林、易桂喜等分别采用不同的波形拟合方法，先后产出或修订了此次地震的震源机制解。全部结果详见表5-1。上述结果的地震破裂类型完全一致，均为纯逆冲的发震机制。节面走向为北西西或北西。由表5-1可知，使用区域台网获得的矩心深度分布于3.5～4.8km，平均为4.0km。根据震源机制解结果，泸县地震矩震级为 $M_W 5.4$，震源深度在4km左右，发震断层走向北西西-东西，发震构造倾角达45°左右，是一次高倾角断层的逆冲错动。

表5-1 震源机制解情况

来源	矩震级 M_W	震中		矩心深度/km	震源机制			反演方法	数据来源
		纬度/(°N)	经度/(°E)		走向/(°)	倾角/(°)	滑动角/(°)		
USGS	5.4	29.182	105.391	10	279/125	32/61	67/104	Wphase	全球台网
GFZ	5.5	29.19	105.34	13	285/105	24/65	90/89	波形拟合	全球台网
EarthX	5.3	29.18	105.29	4.3	304/110	46/45	100/80	全波形拟合	四川区域台网

续表

来源	矩震级 M_w	震中		矩心深度/km	震源机制			反演方法	数据来源
		纬度/(°N)	经度/(°E)		走向/(°)	倾角/(°)	滑动角/(°)		
罗钧	5.5	29.20	105.34	4.8	292/102	38/52	97.6/84	CAP	四川区域台网
郭祥云	5.3	29.20	105.34	6.0	303/120	39/51	92/88	初动	区域台网
韩立波	5.3	29.20	105.34	3.6	293/105	39/51	96/85	CAP	区域台网
雷兴林	5.4	29.18	105.29	3.5	80/98	40/51	80/-87	CAP	区域台网
易桂喜	5.4	29.22	105.36	3.5	286/87	45/46	103/77	CAP	区域台网

泸县6.0级地震节面走向与震中附近的华蓥山褶断带西支断裂及附近已知的地表断层几何结构不匹配，结合重新定位的前震和早期余震空间展布优势方向和等震线长轴走向呈北西西向，初步判定走向北西西的节面Ⅰ为同震破裂面，发震断层倾角45°，推测本次泸县6.0级地震为四川盆地沉积盖层内北西西向隐伏逆冲断层在近南北向水平主压应力挤压作用下发生错动所致（图5-5）。

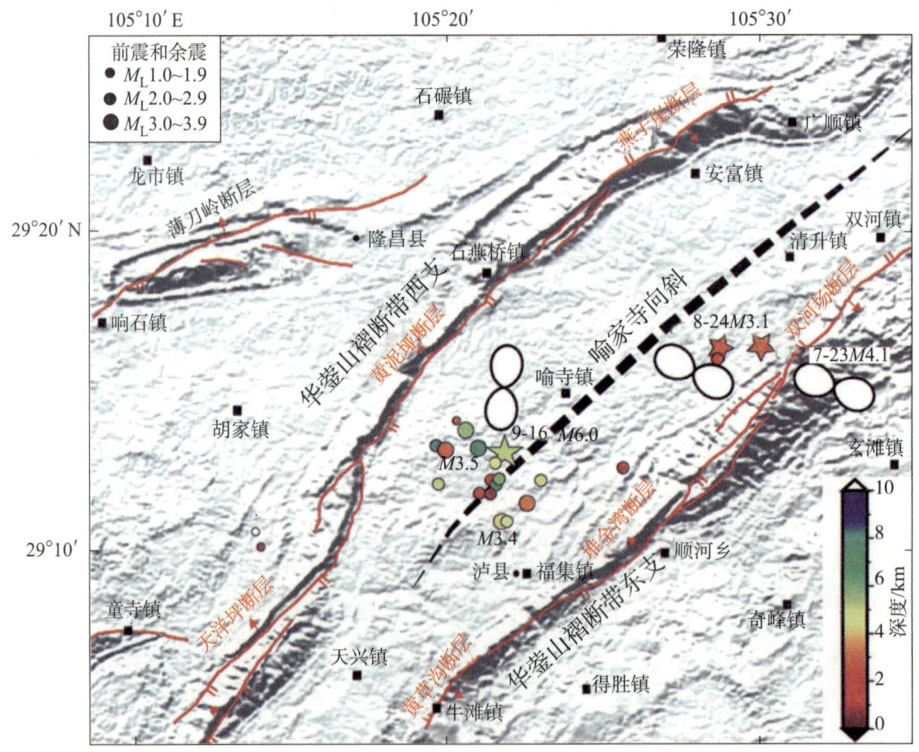

图5-5 7月23日泸县4.1级地震、8月24日泸县3.1级地震和9月16日泸县6.0级地震应变花样 图中，彩色圆点表示6.0级地震序列中重新定位的地震震中。

2）震源区震源机制解和区域应力场

基于四川台网观测波形，利用全波形拟合方法（CAP）和HUSH方法，补充获取了2020年4月1日—9月1日共14次2.0～3.5级小震断层面解。使用以上震源机制解结果分析发震构造并开展区域应力场反演，获得如下认识。

（1）泸县6.0级地震为一次北西西向的破坏性逆冲事件，矩震级为$M_W5.5$，质心深度为4.8km。地震发生在浅源盆地沉积层内。尽管震中位于北东向的华蓥山褶皱带附近，但发震断层走向与华蓥山断裂带的走向不一致，判断发震构造为一条北西西向的逆冲断层。

（2）泸县6.0级地震东北侧的9月25日3.0级和9月27日3.0级余震，分别为近北北东-南南西走向的正断、逆冲事件。质心深度均为4～5km，破裂发生在盆地沉积层中。震源机制解断层面走向结果显示，这两次余震与6.0级地震属于不同的发震构造。

（3）震源区15次$2.0 < M < 4.5$的小地震震源机制解结果中，6次为逆冲型、7次为走滑型、2次为正断型，断层面走向以北北东或近南北向为主。

（4）区域应力场反演结果显示，泸县地区处于南北向的挤压应力环境中。最大主压应力轴（σ_1）为近南北向，倾角近水平；最小主压应力轴（σ_3）倾角近乎直立。鉴于地震发生在喻家寺向斜区域，而宽缓的向斜部位的应力场较背斜部位要均匀很多，局部应力变化小（Lei et al.，2020），判断泸县地区原本就有发生中强地震的构造条件。

3. InSAR同震形变场获取

2021年9月16日泸县6.0级地震发生后，收集了地震前后的Sentinel-1 SAR数据，处理得到了升轨和降轨InSAR同震形变场（图5-6）。随后进行断层参数和滑动分布的反演，并计算同震库仑应力和周边断层的库仑应力变化。同时结合余震，分析余震分布与InSAR形变的空间分布关系。

1）InSAR同震形变场获取

地震发生后，及时收集泸县地震的同震Sentinel-1A/B（升/降轨）卫星数据。利用Sentinel-1 SAR数据进行同震干涉处理，得到泸县地震的InSAR同震形变场。降轨（图5-7（a））和升轨形变场（图5-7（b））均显示泸县地震引起了视线向（LOS向）4～5cm的同震形变。在同震升轨形变场中（升轨观测时间为9月14日—9月20日）发现位于主震东北方向的隆升斑块（图5-7（a）），推测是与这次主震发震构造无关的局部形变。

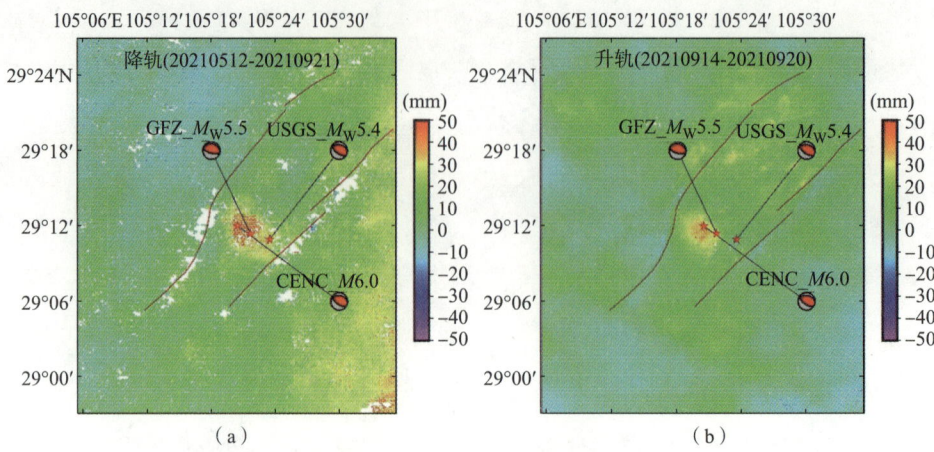

图 5-6 InSAR 同震形变

（a）降轨形变；（b）升轨形变

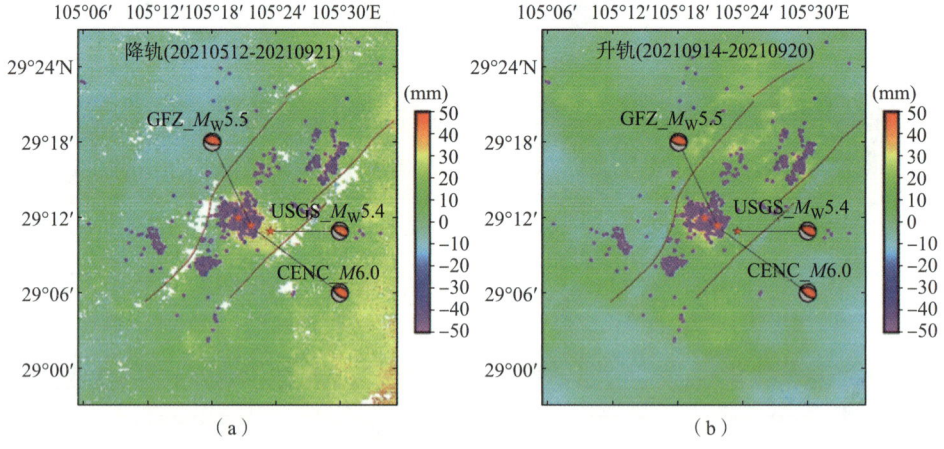

图 5-7 余震在 InSAR 形变图中的分布（图中实心圆点为余震精定位结果）

（a）降轨形变；（b）升轨形变

余震（余震目录截至 2021 年 9 月 27 日；由中国地震局地球物理所提供）叠加到 InSAR 形变场的结果（图 5-7）显示余震集中分布在 3 个区域，同震变形场以南有一个小的集中区，余震集中在同震变形区。

2）断层几何参数与滑动分布反演

根据 InSAR 同震形变场，基于矩形断层模型和单一滑动假设，通过贝叶斯方法（Vasyura-Bathke et al., 2020）反演得到发震断层几何参数，包括断层长度、宽度、走向、倾角、埋深等。然后，利用 SDM 软件（Wang et al, 2011）进行非均匀滑动分布反演，得到断层滑动分布模型（图 5-8）。结果显示，最优断层的走向为 138.6°，倾角为 39.5°，埋深为 2.6km，倾向南西。滑动分布结果显示断层面最大滑动量为 0.17m，位于 5.8km 处，平均滑动角为 81.5°，显示为逆冲型地震，同震破裂呈现出以南东方向为主的双侧破裂特征，矩震级为 $M_W 5.0$。

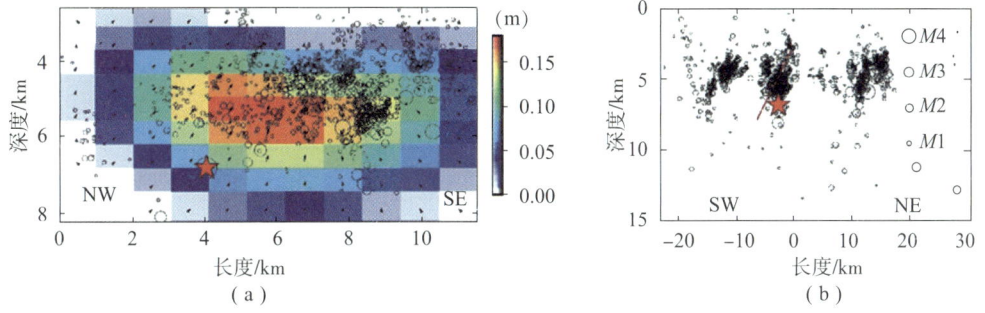

图 5-8　滑动分布及余震分布

(a) 滑动分布；(b) 余震与断层面的空间分布

3) 同震库仑应力

根据非均匀滑动分布，利用分层地壳模型与 PSGRN/PSCMP 软件计算深度 10km 处的同震库仑应力变化（图 5-9）。在震中南侧沿断层走向有负应力变化区，震中两侧有北西-南东向的正应力变化区。

基于简化断层参数，计算泸县 6.0 级地震对周围断层的库仑应力影响（图 5-10），结果显示泸县地震使华蓥山断裂北支和震区东北部 3 条断裂的库仑应力增加了约 0.1KPa。另外，泸县周边部分断裂的库仑应力下降了 0.1KPa。0.1KPa 的应力扰动远未达到应力触发的经验阈值（10KPa），可推断泸县 6.0 级地震对周边断层的应力影响较小。

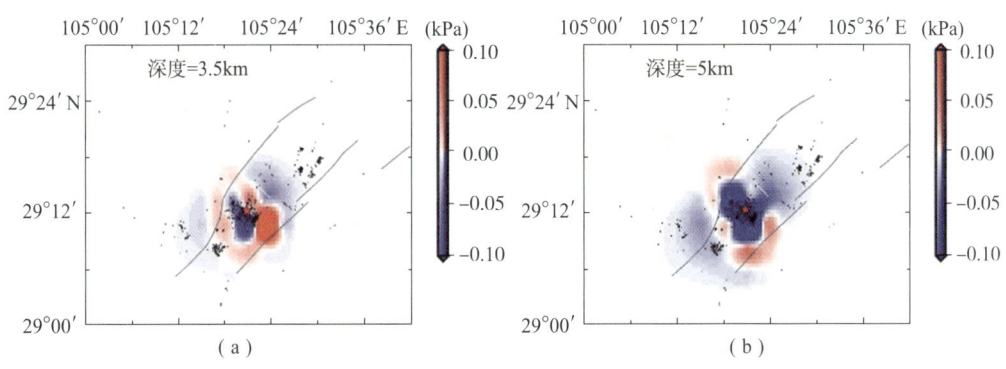

图 5-9　泸县地震同震库仑应力变化

(a) 3km；(b) 5km

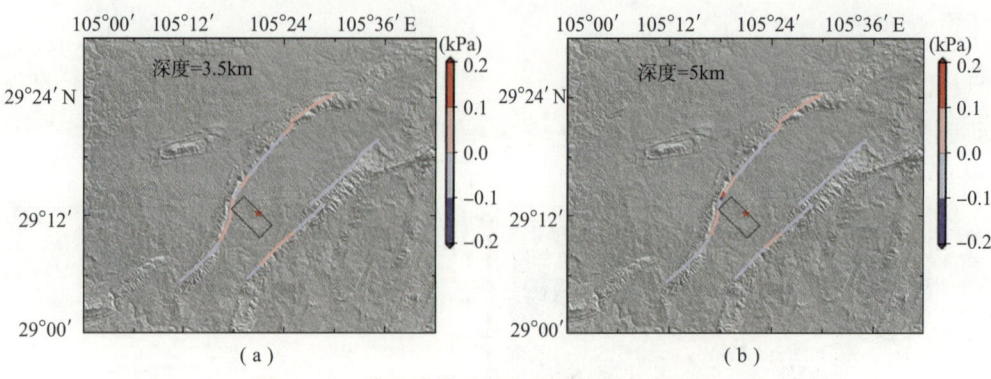

图 5-10 泸县地震对周边断层的库仑应力扰动
（a）3km；（b）5km

4）GNSS 形变数据结果

泸县地震周边的 GNSS 连续观测站点分布如图 5-11 所示。

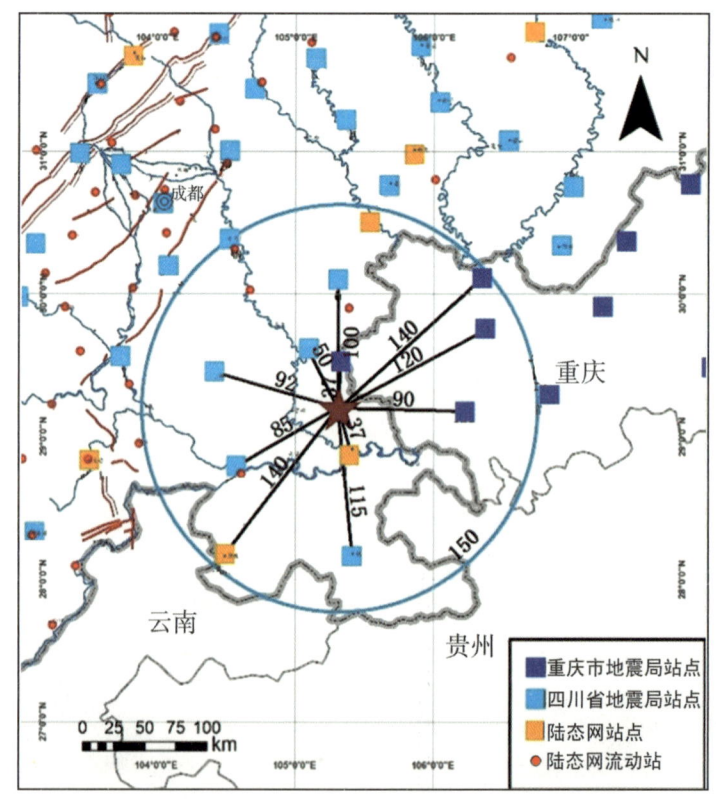

图 5-11 泸县地震周边 GNSS 站点分布（制图：何福秀）

图中，红色五角星★为泸县地震震中（29.20°N，105.34°E），蓝色空心圆〇代表半径为 150km 的震中范围，浅蓝色正方形■、深蓝色正方形■、黄色正方形■分别代表四川省地震局、重庆市地震局和中国环境构造监测网络所辖的 GNSS 连续观测站点，黑色实线——及相应数字代表各 GNSS 站点距离震中的距离。

2021年9月23日（震后第7天），四川省地震局的陈聪、重庆市地震局的陈涛搜集了泸县地震前、震后各7天的周边20个GNSS连续观测站点数据，命名为ANYU、BNSL、CHDU、HCYT、JJML、JUNL、JYAN、LESH、LINS、LUZH、MABI、NEIJ、RCPL、RENS、ROXI、SUIN、XYON、YBIN、YISH、ZHJI。四川省地震局的徐锐基于GAMIT/GLOBK软件（version 10.71），通过高精度数据处理获取了本次地震在各GNSS站点所引起的同震位移，解算过程中，较为关键的参数设置包括：

（1）选择由四川省地震局长期维护的四川区域GNSS参考框架作为约束基准，对各参与解算站点的坐标进行平差。

（2）待估坐标框架参数包括3个平移参数和3个旋转参数。

（3）设定本次地震的同震形变影响范围（半径）为60km。

最终解算结果如图5-12所示，在95%置信水平下，上述GNSS观测未能探测到显著的同震位移。

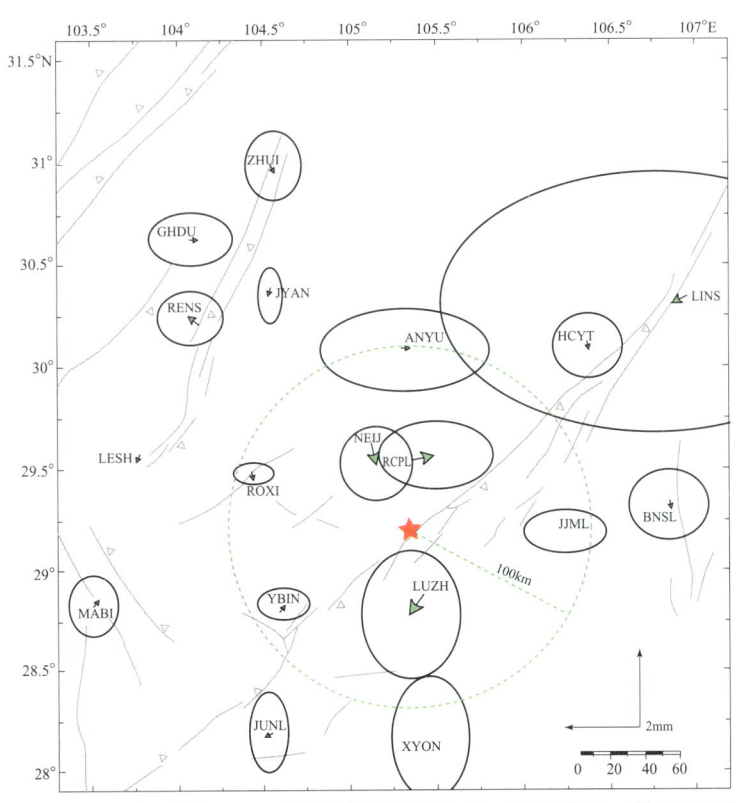

图5-12　泸县6.0级地震GNSS连续观测站同震位移（四川省地震局GPS团队提供）
图中，红色五角星★为震中位置（29.20°N，105.34°E），误差椭圆○代表95%置信水平，灰色曲线——为断层线。

4. 四川泸县 6.0 级地震序列和区域地震危险性研究

1）四川泸县 6.0 级地震序列基本概述

基于四川台网快报目录，截至 2021 年 10 月 13 日 08 时 00 分共记录到余震 171 次，其中 3.0 级以上余震 0 次，最大余震为 2021 年 9 月 16 日 04 时 55 分 19 秒发生的 2.8 级地震。泸县 6.0 级地震序列震中分布图（图 5-13）显示：余震密集区呈北西西向展布，与北东向的华蓥山断裂近似垂直，余震分布长轴约 14km，短轴约 8km；6.0 级主震位于余震区的中段，$M_L \geq 3.0$ 余震也主要分布在主震附近区域。

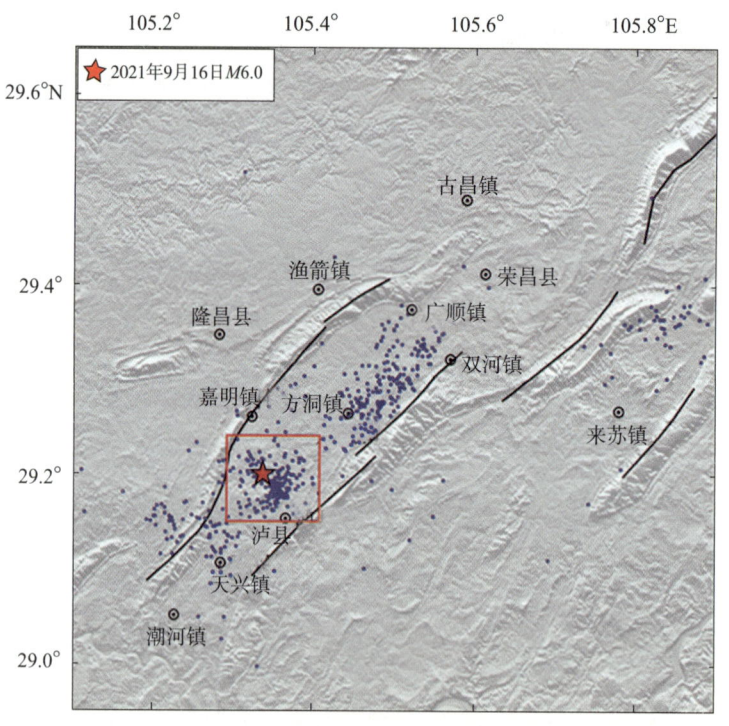

图 5-13　2021 年 9 月 16 日泸县 6.0 级地震序列震中分布图

（据四川地震台网；资料时段：2021 年 9 月 16 日—2021 年 9 月 25 日）

2）泸县 6.0 级地震对邻近区域地震趋势的可能影响

2008 年汶川 8.0 级地震的发生改变了四川盆地地下应力环境，地震活动呈现明显的丛集性，且频次和强度有明显上升。尤其近几年 5 级地震频发，先后发生了 2018 年兴文 5.7 级地震、2019 年珙县 5.3 级地震、长宁 6.0 级地震、威远 5.4 级地震和资中 5.2 级地震等多次显著地震，泸县 6.0

级地震的发生表明四川盆地区域应力水平仍然相对较高。综合分析认为，该区域的中强地震仍将持续活动。

2021年9月，四川中等地震月频度再次出现异常，且四川5级地震平静打破后，对未来半年四川及邻区发生6级以上地震仍具有指示意义。同时，近期川滇交界东部3级地震活跃，先后发生了8月30日宁南3.1级地震、9月2日会东3.0级地震、9月14日会东3.1级地震、9月22日雷波3.0级地震和9月24日昭觉3.1级地震，表明区域应力有所增强。尽管其中会东和雷波地震与金沙江下游水库水位变化有关，但仍需关注四川及邻区尤其是川滇交界东侧地区未来半年发生$M_S \geq 6.0$地震的危险。

二、数据获取情况

（1）收集了研究区内2009年—2021年9月的地震目录和震相报告，共包括5580个地震事件。

（2）收集了四川台网记录的泸县—荣昌地区18次地震事件的波形数据。

（3）InSAR干涉的Sentinel-1 SAR数据（C波段，波长为5.6cm）获取情况如下。

①升轨干涉数据：主图像（2021年5月12日），辅图像（2021年9月21日）。

②降轨干涉数据：主图像（2021年9月14日），辅图像（2021年9月20日）。

三、研究分析成果和新认识、新发现

本专题取得的主要成果和新认识如下。

1. 泸县6.0级地震震源机制解

多个研究团队和个人的反演结果表明，泸县6.0级地震震源机制解为逆冲型，北西西走向的节面与余震优势分布基本一致，矩震级为 $M_W5.4$，远低于面波震级；震源矩心深度为 3.5km，与重新定位后的初始破裂深度 5.1km 接近。震源区主压应力呈近南北向水平推挤特征，与震源所处华南地块区域构造应力场北西－南东向主压应力方向差异显著，揭示本次 6.0 级地震可能受局部应力场控制。

2. 泸县 6.0 级地震发震构造和破裂特征

InSAR 数据反演结果显示，泸县地震的同震形变为 4~5cm，发震断层埋深为 2.6km，走向为 138.6°，倾向南西，倾角为 39.5°，矩震级为 $M_W5.4$，为隐伏型逆冲型破裂。结合序列重新定位结果、震源机制解及地表同震形变反演结果，推测泸县 6.0 级地震的发震构造为一条近北西西向的盲断层，断裂未出露地表，发震断层破裂呈现出以南东向为主的双侧破裂，推测其与四川盆地深部的滑脱构造相关。

3. 泸县—荣昌地区局部应力场

区域应力场反演结果最大主压应力轴为近南北向，倾角近水平；最小主压应力轴倾角近乎直立，表明泸县地区处于南北向的挤压应力环境中，该应力场结果与震源所处华南地块区域构造应力场北西－南东向主压应力方向差异显著，揭示本次 6.0 级地震可能受局部应力场控制。

4. 泸县 6.0 级地震序列特征

重新定位后，泸县 6.0 级地震序列总体呈北西西向展布，其中 6.0 级地震位于序列的中段。其余震序列由 3 条不同走向的地震条带组成，整体呈北西西向展布，长度约为 5km，破裂规模较小，余震主要集中在序列的东端。

5. 泸县至荣县地区地震活动 b 值时空特征

在空间分布上也存在明显差异，反映了不同区域应力积累和介质性质的差异，泸县地震为显著低 b 值（小于 0.7）的区域。

6. 泸县地震深部构造环境

泸县 6.0 级地震发生于高低速异常体的交界处，余震序列沿着 P 波高速异常体边缘展布，反映了地震活动受构造环境的影响。结合精定位后地震活动的时空迁移特征和 b 值的时空变化，我们认为研究区内的地震活动是在一定的构造环境下已有断层被活化导致的。

7. 后期地震危险性分析

同震库仑应力发现泸县地震对周边断层仅有约 0.1kPa 的影响。2008 年汶川 8.0 级地震的发生改变了四川盆地地下应力环境，地震活动呈现明显的丛集性，且频次和强度有明显上升。尤其近几年5级地震频发，先后发生了2018年兴文5.7级地震、2019年珙县5.3级地震、长宁6.0级地震、威远5.4级地震和资中5.2级地震等多次显著地震，泸县6.0级地震的发生表明四川盆地区域应力水平仍然相对较高。综合分析认为该区域的中强地震仍将持续活动。

四、小 结

本专题通过开展泸县地震及泸县—荣昌区域地震的精确定位和震源机制解反演，并结合基于InSAR技术获取的同震形变场，对科学认识四川泸县6.0级地震的震源特征、发震构造和成因提供了重要支撑。通过开展区域历史地震活动特征、应力场、深部结构模型等研究，为认识泸县地震的发震环境、机理和未来地震危险性提供了重要支撑。

第六章

四川泸县6.0级地震震中及周边地区构造地球化学探测专题总结报告

摘　要

　　结合卫星高光谱气体地球化学、流体地球化学密集流动观测和同位素示踪技术，在泸县震区及周边开展了流体地球化学观测和研究，获取了研究区第一手流体地球化学背景场资料。综合分析研究表明，泸县6.0级地震北西向地震条带内部可能存在若干条北西向隐伏断裂带，断裂规模不大；地震前后，在研究区观测到较为明显的流体地球化学异常现象；泸县6.0级地震区域气体地球化学和泸县6.0级地震区域及附近200km范围内温泉/地热井水化学的分析研究成果共同指示震后华蓥山断裂带较强的断层活动性，未来需要重点关注华蓥山断裂带的中强地震危险。

一、工作概况

（一）目标与任务

工作目标：开展震中及附近区域活动断裂带的气体地球化学探测，包括气体的组成、释放强度、来源及占比的空间展布特征，结合地震学及活动构造的相关研究，为地震的成因分析及震后趋势研判提供科学依据。

科考内容：①地震破碎带的可能空间展布特征：通过野外流动观测，获取地下流体地球化学场特征，分析泸县6.0级地震破碎带的空间展布特征。②地下流体在泸县6.0级地震孕育过程中的作用：通过野外流动观测，获取泸县地区流体的物质来源，分析地下流体补给空间分布特征与泸县地震活动间的关系，探讨地下流体在泸县6.0级地震孕育过程中的作用。③泸县及周边地区未来地震活动趋势分析：综合地震地质、地球物理等研究成果，判定泸县地区及周边地区未来的地震活动趋势。

（二）工作团队

中国地震局地震预测研究所牵头，四川省地震局参加。

组长：陈志。

组成人员：周晓成、李静超、苏淑娟、赵影、郑晨禾、刘兆飞、刘峰立、杨耀。

（三）科考实施过程

（1）搜集泸县地震及周边地区温泉及观测井的流体地球化学观测和研究资料。

（2）搜集研究区地震地质相关研究资料。

（3）根据已有观测和研究成果，开展初步的分析研究，完成野外测点的布设，并制定初步的观测和研究方案。

（4）通过野外流动观测和样品测试，获取第一手观测数据，基于数据的综合分析，揭示泸县6.0级地震及附近区域气体的组成、释放强度、来源及占比的空间展布特征。

（5）结合区域构造地质相关研究成果，分析泸县6.0级地震及附近区域地震破碎带的可能空间展布特征，通过同位素示踪泸县地区释放气体的物质来源，探讨地下流体在泸县6.0级地震孕育过程中的作用，并综合地震地质、地球物理等研究成果，对泸县及周边地区未来的地震活动趋势开展初步判定。

二、现场工作

本次构造地球化学野外科考主要针对震中及附近区域流体的地球化学特征及来源；主要手段包括土壤气体地球化学方法和温泉流体地球化学方法。

（一）野外流动观测点的布设

观测点的科学布设是科考顺利完成的关键环节。土壤气体按照均匀布设的原则，选择交通便利、场地空间开阔、人为干扰少的区段，布设气体地球化学流动观测点，点距控制在 50～100m，观测点共计 338 个，开展土壤气体地球化学流动观测及采样。在观测时，根据实地地形、地貌、断层规模及气体地球化学观测结果进行适当的调整。在系统搜集整理研究区已有构造地质及流体地球化学观测研究成果的基础上，本次科考挑选了泸县 6.0 地震附近区域的温泉/观测井 36 个，开展样品的现场采集。

（二）野外流动测量及采样

野外土壤气体流动测量的内容包括土壤气体 Rn、CH_4 和 H_2 浓度测量及气体样品的采集。在野外土壤气体浓度测量过程中，首先在测点处打 1 个直径为 30mm、深度为 80cm 的孔（孔间距为 0.5m），然后迅速将取样器置于孔内，并封紧孔口，开始连接仪器进行测量（图 6-1）。

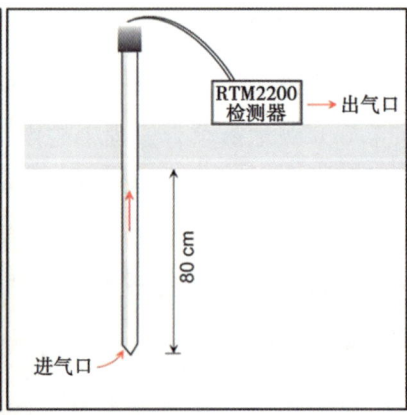

图 6-1 土壤气体野外测量照片及示意图

气体样品的采集使用排水取气法，采用 500mL 的钠盐水玻璃瓶进行气体的取样。采样时，以桶盛满饱和食盐水，用乳胶管将玻璃瓶进气口连接到仪器出气口,并将玻璃瓶完全沉入饱和食盐水中,并排空瓶中空气,使土壤气体从仪器出气口排出,经过乳胶管,进入玻璃瓶并排出玻璃瓶中的盐水,待土壤气体排出玻璃瓶中 1/3 的盐水后,用锥形橡胶塞密封玻璃瓶,每个测量区域采集重复样 3 个(图 6-2)。温泉/观测井水样的采集直接采用 20mL 的塑料样品瓶进行罐装。罐装前,以超纯水侵泡样品瓶 24 小时,采样时,再以采样点水体清洗样品瓶 3 次,然后直接罐装采样点水体,并确保每个水样中无气泡残留,每个点采集水样 6 个(图 6-3)。

图 6-2 野外土壤气体样品的采集照片

图 6-3 野外水样的采集照片

三、数据获取情况

经过 24 天(2021 年 9 月 24 日—2021 年 10 月 17 日)的流动观测,我们获得的泸县震区及其附近地区的观测点及样品数量如下:①在震中及余震地区附近布设土壤气体 CH_4 浓度平行长剖面 4 条,剖面走向北东,总长约 30km,另在震中及余震地区布设土壤气体 CH_4 浓度流动观测点 61 个,CH_4 浓度测点共计 161 个,同时采集气体样品 18 个,进行 CO_2 和 CH_4 碳同位素的室内分析测试;②在华蓥山断裂带南段垂直断层布设土壤气体测量剖面 14 条,开展 Rn、H_2、CO_2 和 CH_4 浓度野外观测,测点共计 140 个;

③在泸县附近和周围地区共采集泉水样品36个，进行水化学主量元素离子浓度及氢氧同位素的室内分析测试；④下载美国航空航天局地球观测系统（Earth Observing System，EOS）卫星平台上的大气红外探测仪（Atmospheric Infrared Sounder，AIRS）测量数据（2020年10月—2021年10月），分析泸县地震前后震中及附近区域高光谱CH_4气体时空变化特征。

四、研究分析成果和新认识、新发现

（一）泸县地震地震破碎带的可能空间展布特征

泸县6.0级地震震中及附近区域土壤气体CH_4、H_2和Rn浓度测量结果显示，华蓥山断裂带呈现明显土壤气体浓度高值聚集现象（CH_4气体浓度高达3%），泸县6.0级地震震中附近也存在较弱的土壤气体浓度高值集中现象，且隐约可见高值北西向聚集痕迹，华蓥山断裂带西支西侧也探测到北西向高值条带，其展布与四川盆地内北西向断裂基本吻合，但并未并穿越华蓥山断裂西支。

综合分析认为，泸县6.0级地震震中附近可能存在北西向断裂带，但其规模较弱，应该不是四川盆地内北西向断裂的延续带。因此，华蓥山断裂可能仍是控制区域地震活动的主要构造，泸县6.0级地震的发生与四川盆地内大型北西向断裂的构造活动无关，而可能与区域强构造挤压背景下局部应力的释放有关，且地震的发生促进了震中附近北西向浅层隐伏断裂带气体的释放。

（二）泸县地震前后区域流体地球化学变化

据美国航空航天局地球观测系统（Earth Observing System，EOS）卫星平台上的大气红外探测仪（Atmospheric Infrared Sounder，AIRS）的测量数据，与历史13年同期对比的CH_4异常指数时空分析表明，地震前半年（2021年3月5日）震中附近开始发育较为显著的CH_4气体异常（异常指数最大达6.4），震前一个半月左右（2021年7月27日），该区域呈现更大范围的CH_4气体空间异常，较历史同期观测值明显增加（图6-4、图6-5）。泸县主震发生后，震中区的CH_4异常指数又有一定程度的上升，主震发生日（2021年9月16日）至最新数据日（2021年10月23日）期间的平均异常指数为3.0，处于异常阈值附近，高值异常尚未完全恢复。

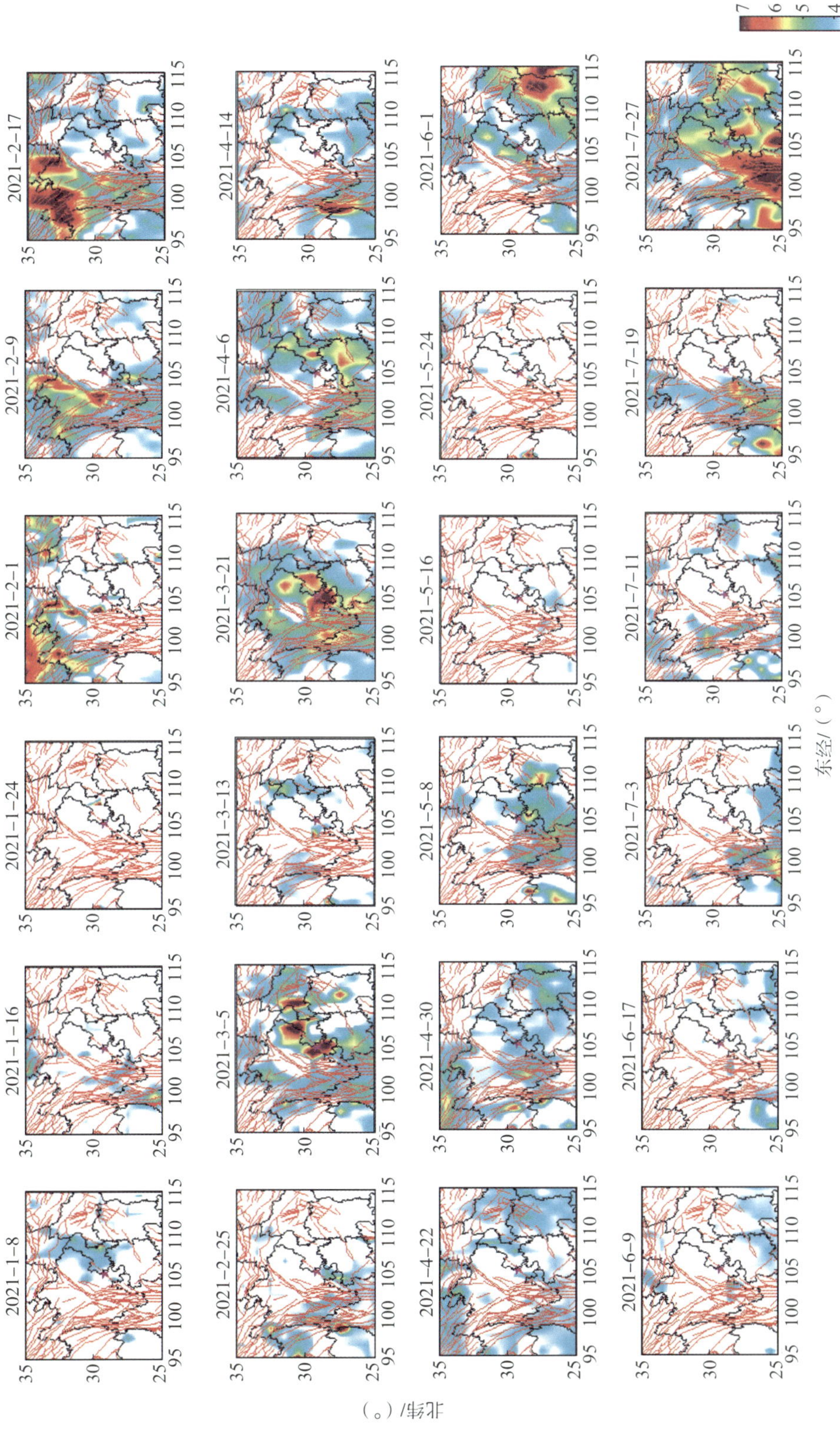

第六章 四川泸县6.0级地震震中及周边地区构造地球化学探测专题总结报告

图6-4 泸县地震区域CH_4气体空间异常指数演化

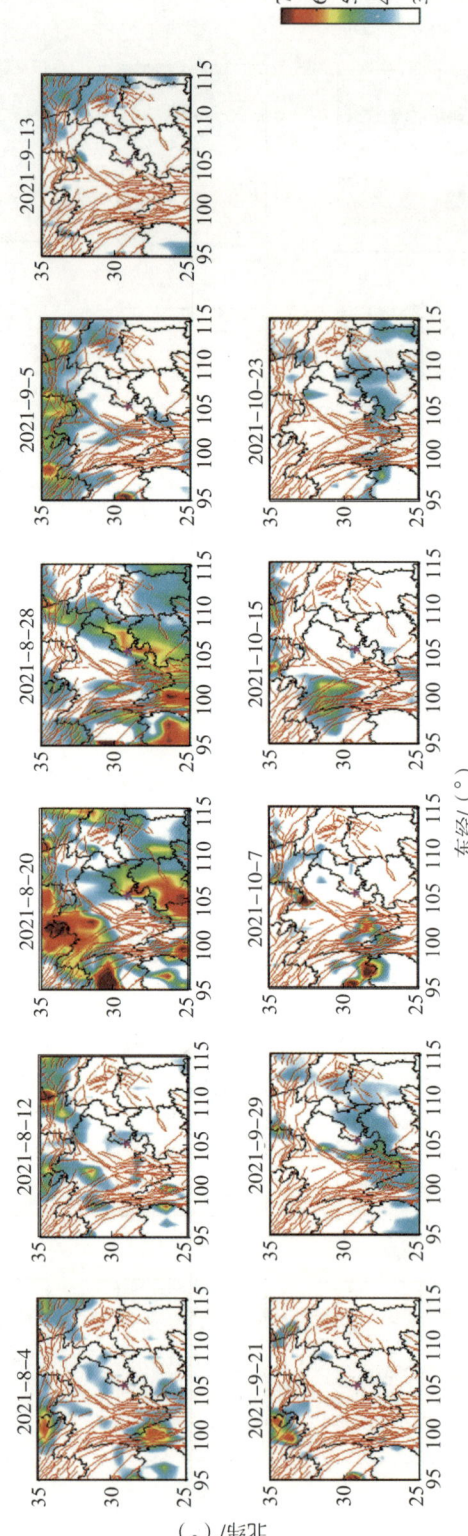

图6-4 泸县地震区域CH_4气体空间异常指数演化（续）

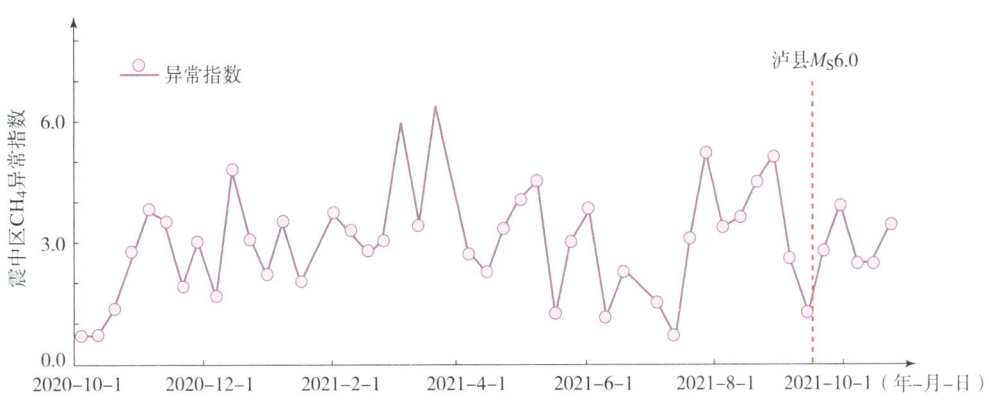

图 6-5　泸县地震周边区域 CH_4 气体时间异常指数演化

另外，距离震中区域 20km 处的自贡童寺井水中氢氧同位素的流动观测结果显示，泸县地震前后，该井水中氢氧同位素虽仍沿大气降水线分布，但其震前所有测值出现明显的整体北东向迁移特征（图 6-6），预示着震中区域观测井水体补给来源的微小变化，可能是震后震中附近地层发生浅层局部破坏，盆地内较低海拔浅层水体的下渗所致。

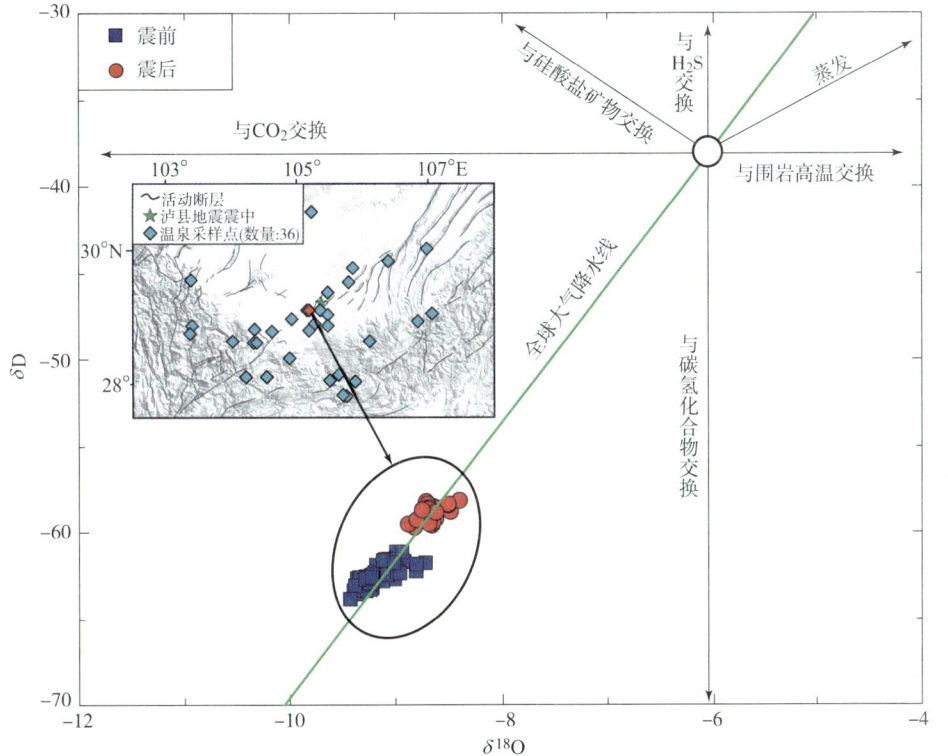

图 6-6　泸县地震前后震中附近区域观测井氢氧同位素变化影响

（三）泸县及周边地区未来地震活动趋势

研究区土壤气体 CH_4 和 CO_2 的碳同位素的研究结果（图 6-7）显示，研究区土壤气来源主要有两个端元：①纯的生物成因气；②生物成因气和热解成因天然气的混合气。该研究结果表明，华蓥山断裂带仍为区域内活动性较强的断裂带，且四川盆地内的确存在北西向断裂带，泸县境内也存在规模小、隐伏深、不连续的北西向断裂系，但两者可能是两个独立的断裂带。

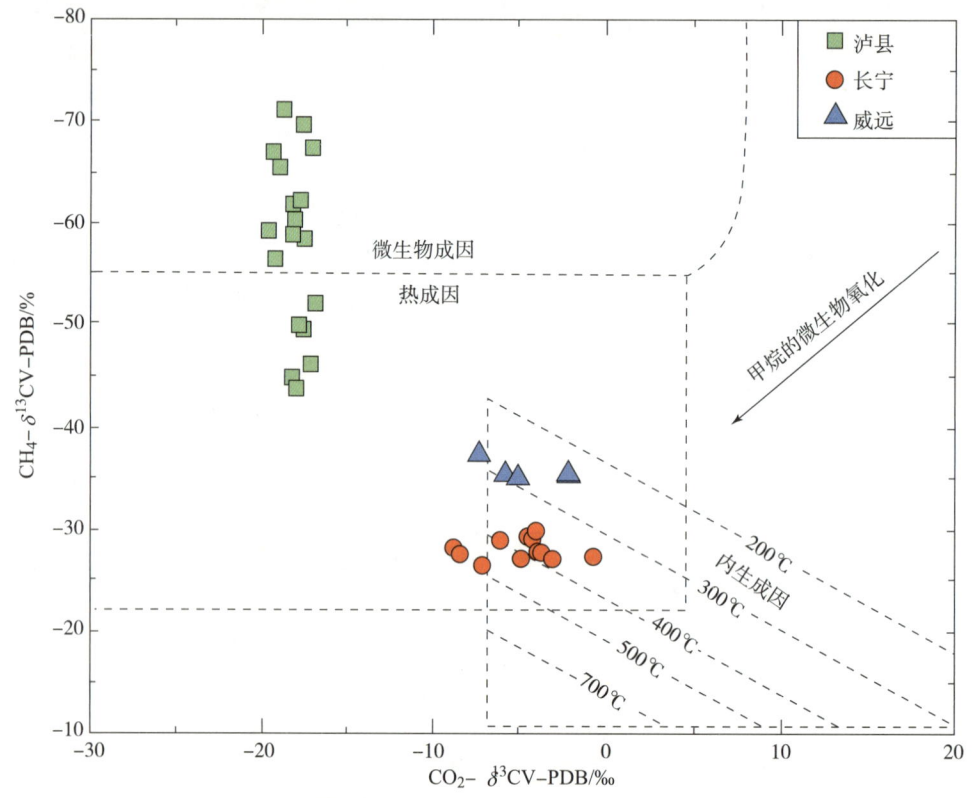

图 6-7 泸县地震区域土壤气 CH_4 和 CO_2 的碳同位素来源分布图

另外，研究区温泉/观测井水化学及氢氧同位素的观测结果表明，泸县地震后，研究区及附近 200km 范围内的温泉/地热井水化学特征复杂多样，但是氢氧同位素主要分布于大气降水沿线附近（图 6-8 和图 6-9），这表明，研究区域温泉/地热井主要接受大气降水补给，大气降水在循环过程中与区域岩层发生了复杂的物理化学水岩作用而形成了复杂多样的水化学类型。但是，进一步对比分析发现，泸县地震后，震中附近100km内位于华蓥山断裂带南段沿线的4个温泉点的水化学和氢氧同位素特征出现较为明显的异常现象，主要特征为氢氧同位素较大幅度偏离大气降水线，呈现出封闭地层水体混入的特征（图6-9）。

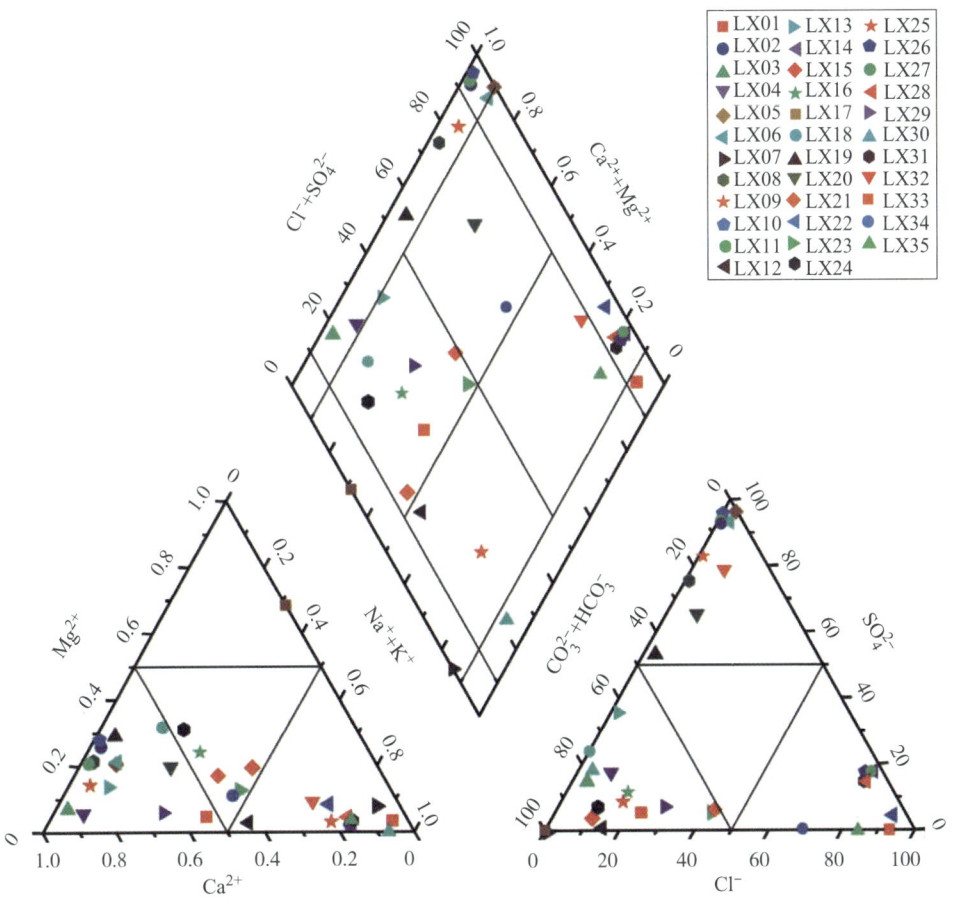

图6-8 泸县地震区域及附近200km范围内的温泉/地热井水化学特征图

泸县地震区域气体地球化学和泸县地震区域及附近200km范围内温泉/地热井水化学的分析研究成果可能共同指示华蓥山断裂带较强的断层活动性，华蓥山断裂带的构造活动应该是控制区域地震活动的主要动力。因此，未来仍需要重点关注华蓥山断裂带的中强地震危险。

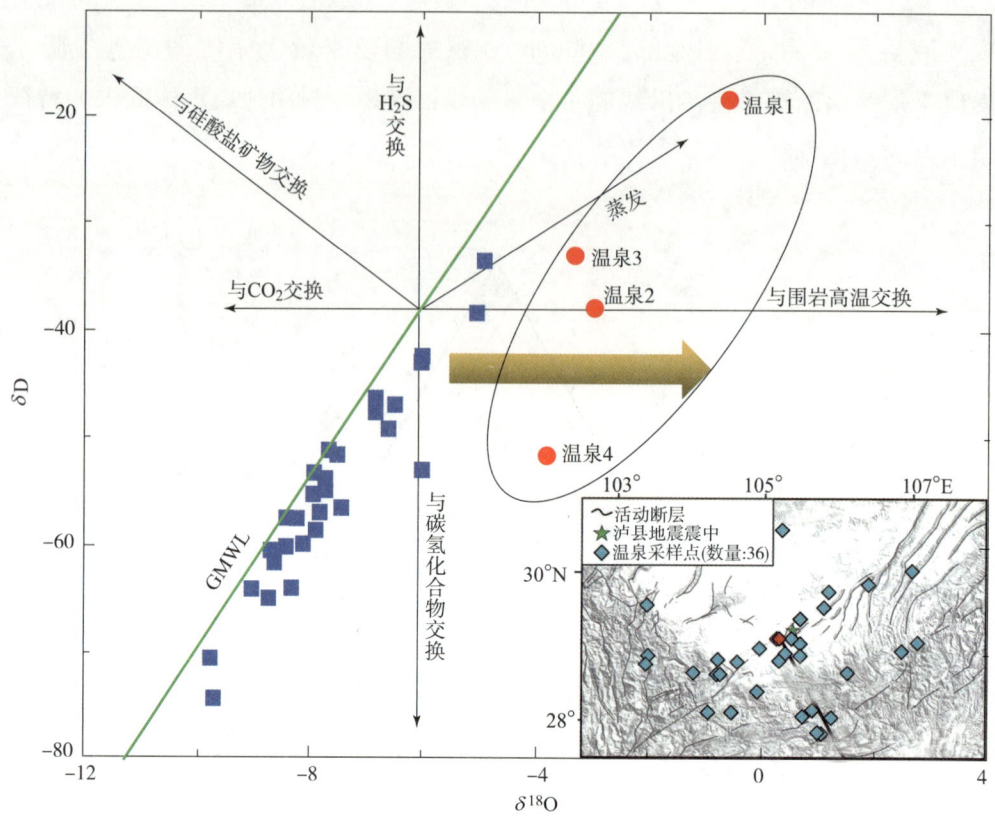

图 6-9　泸县地震区域及附近 200km 范围内的温泉/地热井氢氧同位素特征图

五、小　结

"震中及周边地区构造地球化学探测"专题分别利用温泉流体地球化学、土壤气体地球化学、高光谱气体地球化学三种流体地球化学观测和研究手段,针对泸县 6.0 级地震科考重要关切的科学问题提供了如下支撑。

(1) 通过野外流动观测,获取了震中及附近区域气体脱气强度的空间展布特征,分析结果揭示,泸县震中附近地区存在北西向展布的集中脱气条带,可能为泸县 6.0 级地震产生的地震破碎带。

(2) 通过野外流动观测获取了泸县地区流体的物质来源,分析了地下流体补给空间分布特征与泸县 6.0 级地震活动间的关系。综合分析认为,华蓥山断裂可能仍是控制区域地震活动的主要构造，而泸县地震的发生可能与区域强构造挤压背景下局部应力的释放有关。

（3）综合地震地质、地球物理等研究成果分析认为，未来仍需重点关注华蓥山断裂带北段的中强地震危险性。

第七章
四川泸县 6.0 级地震强地面运动场观测专题总结报告

摘 要

利用泸县6.0级地震震中100km范围内国家数字强震动观测台网23个自由场固定台和国家地震烈度速报与预警台网56个自由场固定台，共获取泸县6.0级地震主震强震动观测记录79组（237条），开展自由地表强震动观测，获取加速度记录台站并对记录进行了反应谱分析，分析了傅里叶幅值谱及水平向合成PGA与震中距衰减关系，计算得到了仪器地震烈度分布情况。

一、工作概况

（一）目标与任务

专题6：强地面运动场观测。

主要内容：开展自由地表强震动观测，获取浅源诱发地震的地震动衰减特性；开展该地区典型民用建筑结构地震反应观测，探究结构破坏和非结构破坏成因。

（二）工作团队

该专题由中国地震局工程力学研究所牵头，四川省地震局参加。

组长：孙柏涛。

副组长：马强。

成员：马强、杨程、陶冬旺、王宇欢、解全才、李继龙、娄良琼。

（三）科考实施过程

中国地震台网正式测定：2021年9月16日04时33分，在四川泸州市泸县（29.2°N，105.34°E）发生6.0级地震，震源深度为10km。

震中100km范围内，国家数字强震动观测台网23个自由场固定台和国家地震烈度速报与预警台网56个自由场固定台共获取泸县6.0级地震主震强震动观测记录79组（237条）。国家数字强震动观测台网的台站场地类型以土层为主，烈度速报台网的台站场地类型暂不明确。

泸县6.0级地震获取强震动记录固定台站分布如图7-1所示。

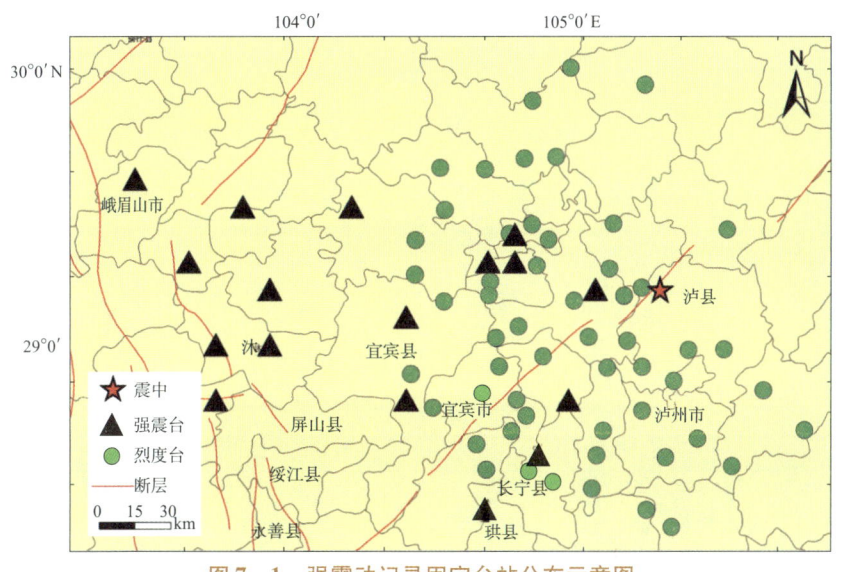

图7-1 强震动记录固定台站分布示意图

二、数据获取情况

获取的强震动记录 33 个,获取台站加速度记录 79 个,如图 7-2~图 7-7 和表 7-1 所示。

1. 强震台记录(23 个)

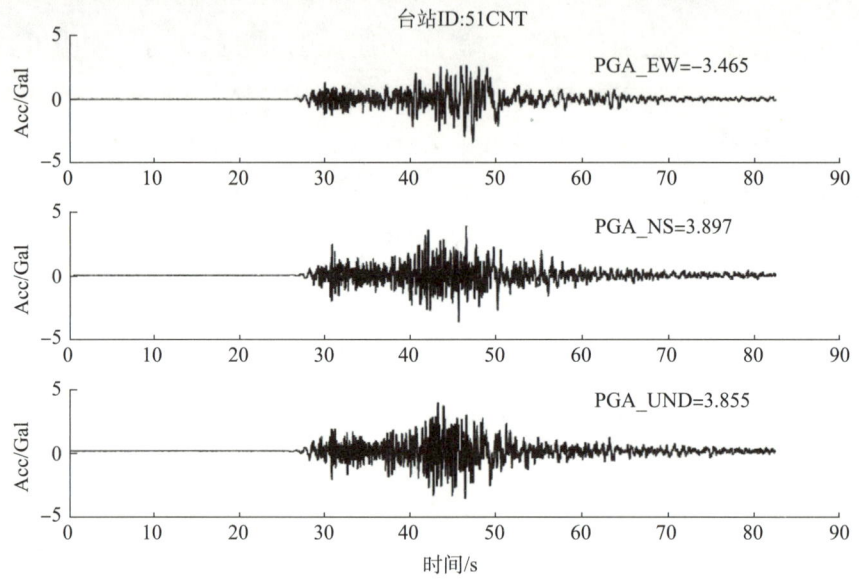

图 7-2 泸县 6.0 级地震 51CNT 台强震动记录图

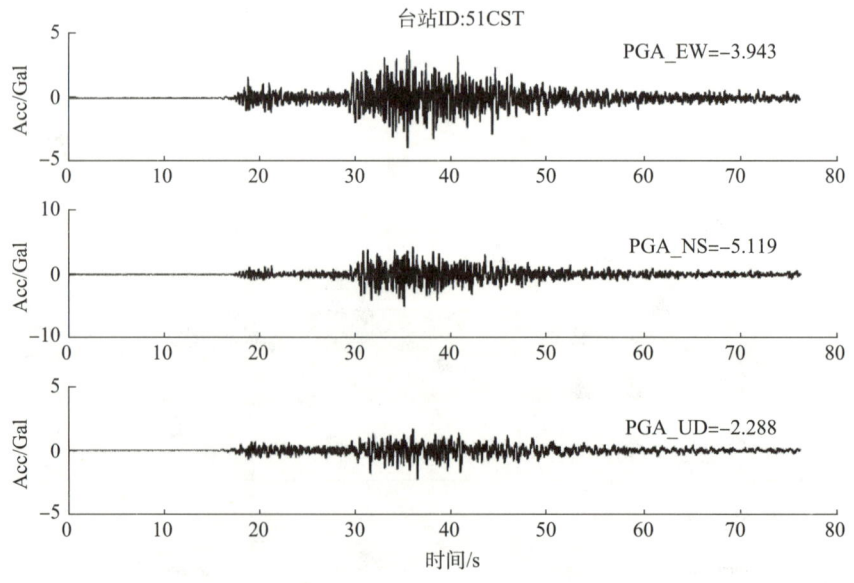

图 7-3 泸县 6.0 级地震 51CST 台强震动记录图

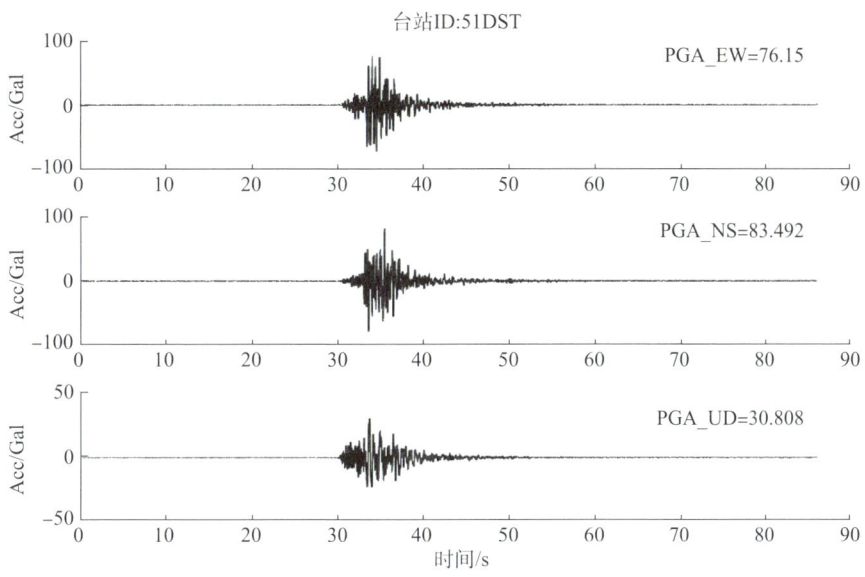

图 7-4 泸县 6.0 级地震 51DST 台强震动记录图

2. 烈度台（10 个）（$PGA>30\text{Gal}$）

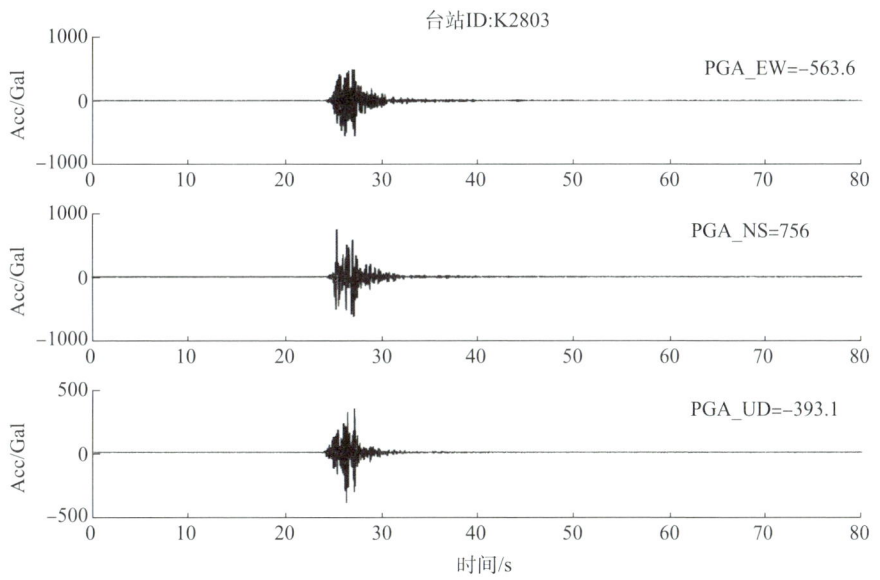

图 7-5 泸县 6.0 级地震 K2803 台强震动记录图

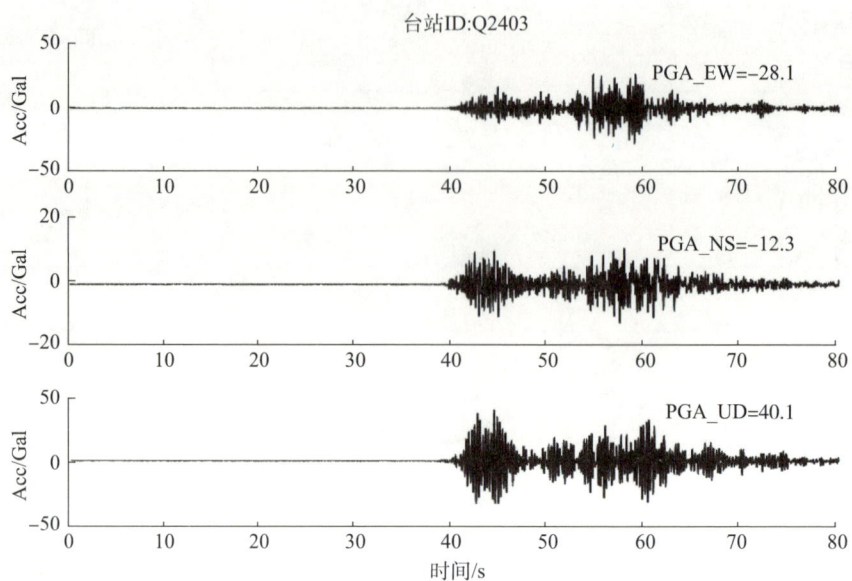

图7-6 泸县6.0级地震Q2403台强震动记录图

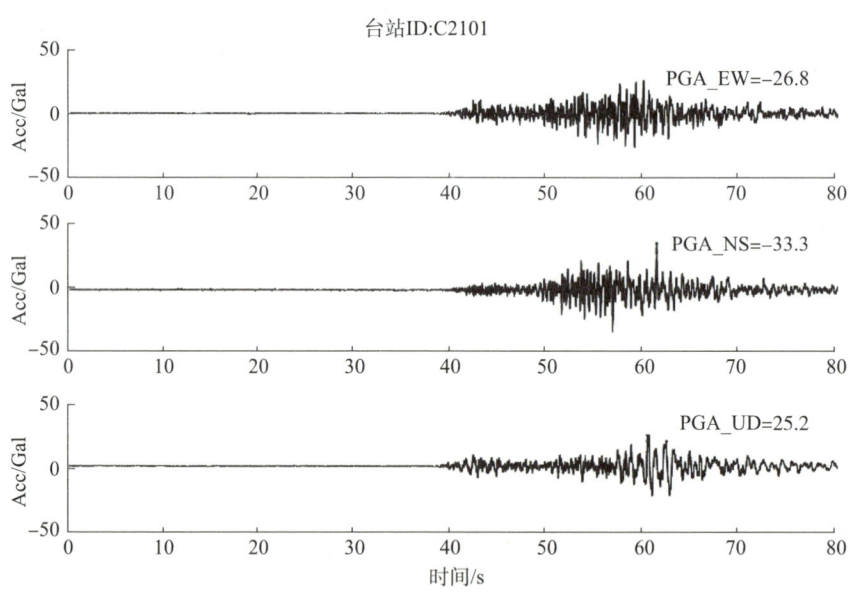

图7-7 泸县6.0级地震C2101台强震动记录图

表7-1 四川泸县6.0级地震强震动记录分析

序号	台站名称	台站经度/(°E)	台站纬度/(°N)	场地条件	震中距/km	震中方位角	PGA/(cm·s⁻²) EW	PGA/(cm·s⁻²) NS	PGA/(cm·s⁻²) UD	PGV/(cm·s⁻¹) EW	PGV/(cm·s⁻¹) NS	PGV/(cm·s⁻¹) UD	仪器烈度	备注
1	K2803	105.3	29.2	—	6.7	95.6	-567.6	768	-396	18.2	-33.8	-7.6	8.4	烈度台
2	C2202	105.2	29.2	—	13.3	78.4	-148.7	-149.4	-94.3	6.2	5.6	-5.1	6.3	烈度台
3	C2204	105.2	29.2	—	13.3	78.9	15.3	-15.6	15	0.9	1.3	1.5	4.3	烈度台
4	51DST	105.1	29.2	土层	19.6	96.1	76.1	83.5	30.8	3.9	-3.9	2.9	6.1	强震台
5	K2802	105.2	29.3	—	20.1	114.4	45.2	52.2	-23.3	2.6	2.1	1.8	5.4	烈度台
6	C2206	105.2	29	—	23.8	29.9	74	61.5	80.8	5.1	-2.4	4.5	6.3	烈度台
7	E0401	105.4	29	—	26.4	337	-47.5	26.3	45.6	2.1	2.7	1.7	5.4	烈度台
8	C2203	105	29.2	—	31.3	81.6	33	-18.1	53	-1.8	-1.1	-2.4	5.4	烈度台
9	K2801	105.2	29.4	—	31.4	147.6	26	-30.6	-37.3	-1.5	1.7	1.6	5	烈度台
10	E0202	105.3	28.9	—	31.7	11.9	19.4	-9.5	16.9	-1.1	-1.6	-0.9	4.4	烈度台
11	C2201	105.1	29	—	32.1	53.5	-47.8	-25.7	-33.4	2.8	2.3	-1.9	5.4	烈度台
12	E2101	105.6	29	—	33.5	316	20.1	-23.5	25.6	-1.6	-1.9	-1.2	4.3	烈度台
13	J0001	105.6	29.4	—	34.2	225.5	19.4	13.3	-20.1	1	-0.9	-1.4	4.3	烈度台
14	Q2304	105.1	28.9	—	36.7	31.3	-16.4	18.7	-11.9	0.9	-1.1	-1.3	4.6	烈度台
15	E0201	105.4	28.9	—	37	352.3	-24.6	9	25.8	1.1	-1.3	-1.7	4.6	烈度台
16	C0401	104.9	29.4	—	44.9	116.4	11.6	-17.5	9.1	-0.6	1.2	-0.7	4.2	烈度台
17	C1102	104.9	29.3	—	45.5	102	14.6	8.1	-22.8	0.8	-0.8	-1.6	4.5	烈度台
18	E0302	105.3	28.8	—	49.2	7.6	8.3	-6.3	10.1	0.7	0.8	0.9	3.5	烈度台
19	Q0301	104.9	29	—	50.1	57.5	-10.3	8.8	12.6	0.6	-0.7	0.7	3.8	烈度台
20	C0402	104.9	29.4	—	53.1	119.4	-16.1	4.3	-10.5	-0.8	-0.4	-0.6	3.8	烈度台
21	C2207	104.8	29.1	—	53.3	73.7	29.4	-22.9	-14.9	1.9	-1.3	-1.3	4.8	烈度台
22	51NXT	105	28.8	土层	53.7	41.9	-38.9	-30.4	14.9	2.3	-1.4	0.9	5.1	强震台
23	E2202	105.7	28.8	—	55.2	317.2	9.4	-7.9	-7.3	-0.8	-0.8	0.6	3.5	烈度台

三、研究分析成果和新认识、新发现

在79组主震强震动观测记录中,四川省77组(23组强震台和54组烈度台)、重庆市2组(2组烈度台),获取记录台站加速度记录分析结果见

表7-1。其中烈度台K2803震中距最小，震中距为6.7km，获取到的三通道记录加速度峰值为756cm/s²、速度峰值为32cm/s、计算仪器地震烈度为8.4度，经后期分析认为其记录较为特殊，可能与烈度台站所处的特殊场地有关。

K2803台强震动记录如图7-8所示；K2803台加速度反应谱如图7-9所示；K2803台傅里叶幅值谱如图7-10所示；水平向合成PGA与震中距衰减关系如图7-11所示。

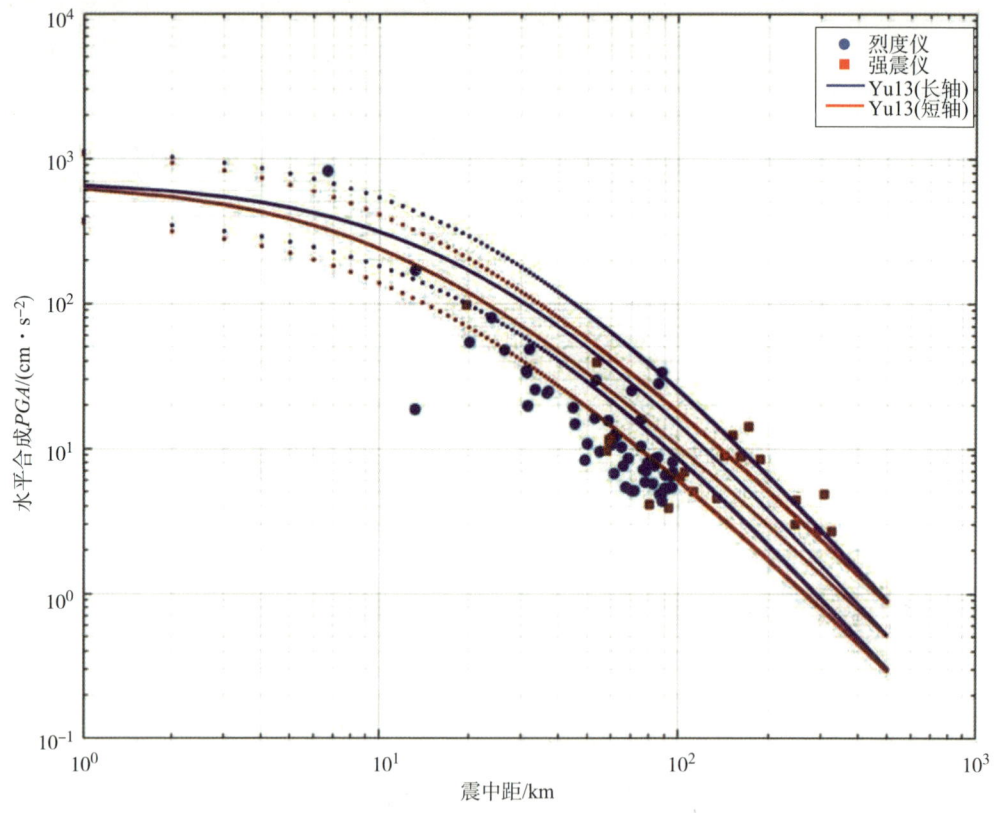

图7-8 泸县6.0级地震水平合成PGA与震中距衰减关系图

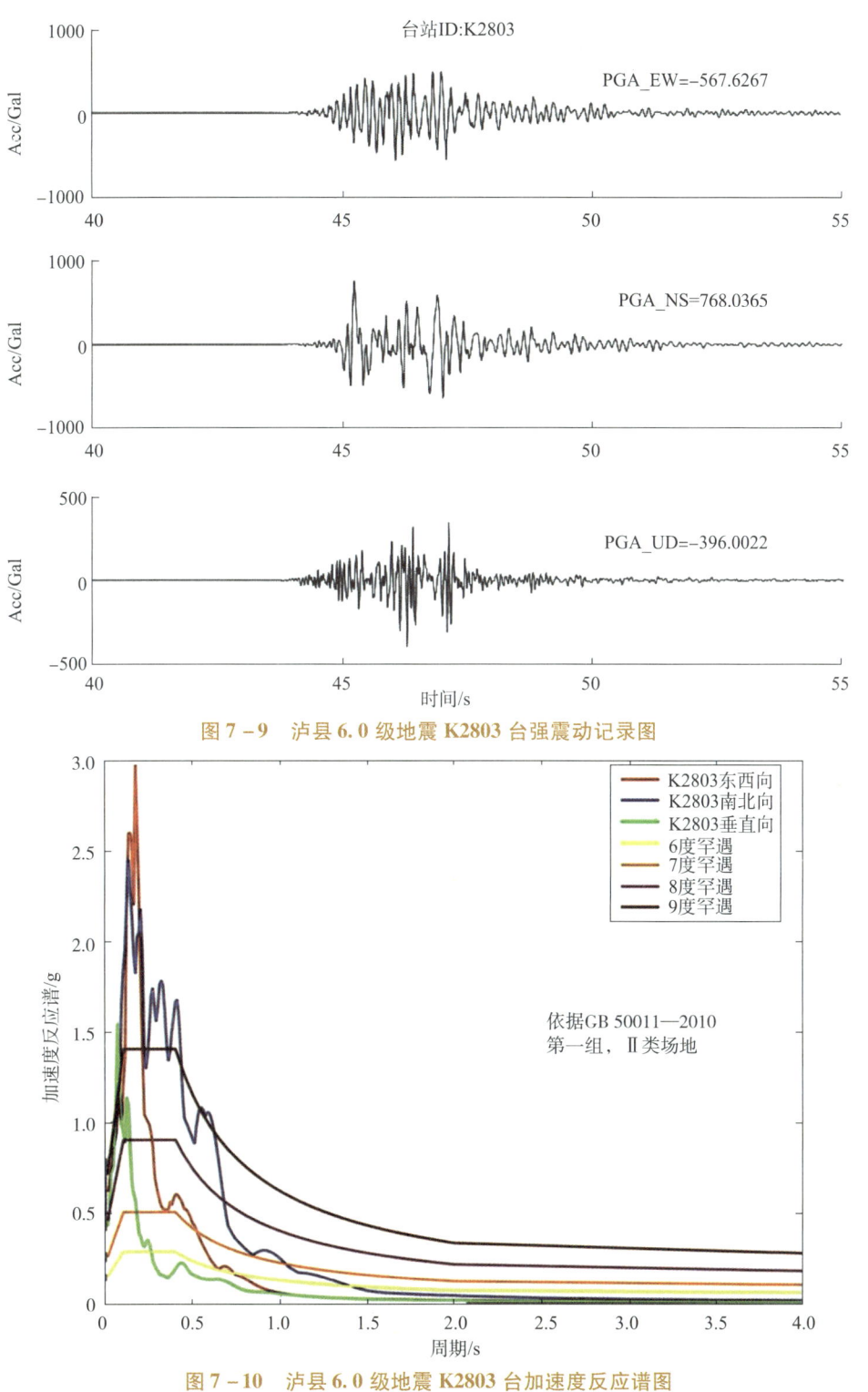

图 7-9 泸县 6.0 级地震 K2803 台强震动记录图

图 7-10 泸县 6.0 级地震 K2803 台加速度反应谱图

(制图单位：中国地震局工程力学研究所 强震动观测组)

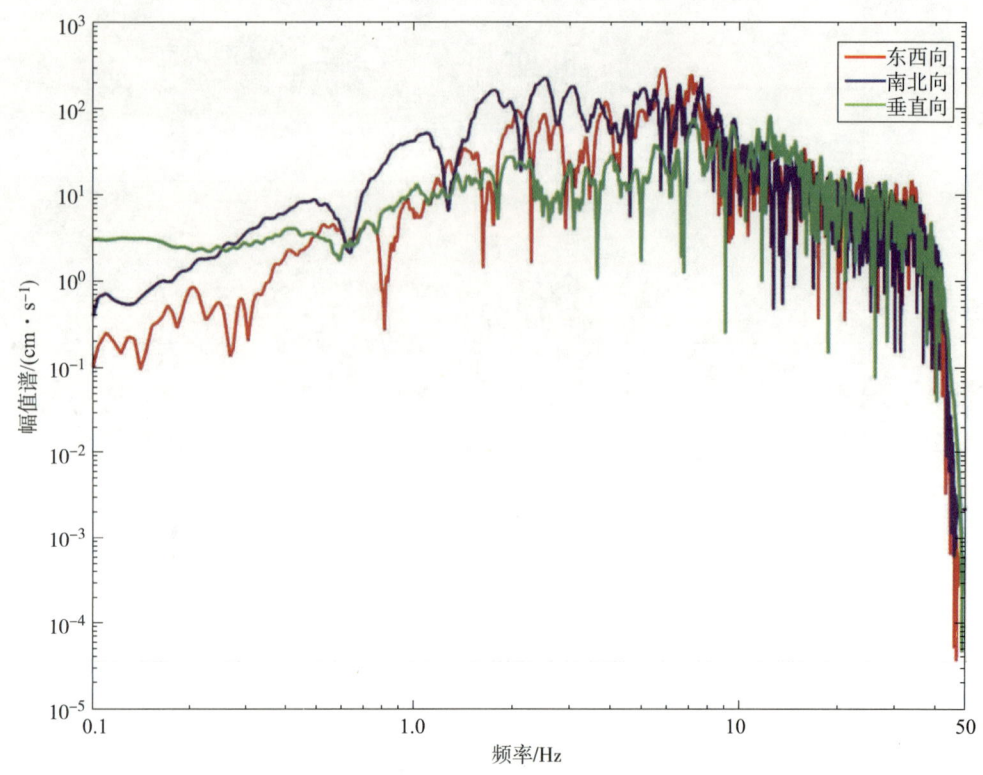

图7-11 泸县6.0级地震 K2803 台傅里叶幅值谱图

(制图单位：中国地震局工程力学研究所 强震动观测组)

四、小 结

仪器地震烈度的计算是地震烈度速报的基础，可为灾情快速判断、地震应急救援决策和行动、工程抢险修复决策等提供科学依据。根据《仪器地震烈度计算规程》，依据强震动观测记录，强震动观测组在震后迅速计算了此次地震的仪器地震烈度。泸县6.0级地震主震记录中，K2803烈度台仪器地震烈度最大，为8.4度。

第八章

四川泸县6.0级地震震害现场调查与震害机理分析专题总结报告

摘 要

介绍了四川泸县6.0级地震震害现场调查与震害机理分析考察工作的基本概况，包括目标与任务、工作团队及科考工作的实施过程，给出了现场应急工作中50余个调查点的基本信息、房屋破坏情况及相应的现场照片资料，总结了土木结构、砖木结构、砖混结构以及钢筋混凝土框架结构的主要破坏形式，得出了本次地震中房屋结构的破坏特征，对下一步开展工作提出了相应的研究建议。

一、工作概况

泸县位于四川盆地南部，地理坐标介于 105°10′50″~105°45′30″E、28°54′40″~29°20′00″N，东西宽约 56.23km，南北长约 46.8km，辖区面积 1532km²，全县人均土地面积为 0.15hm²。东与重庆永川区、泸州市合江县连界，南与龙马潭区和江阳区相邻，西与自贡市富顺县接壤，北与重庆荣昌区和内江市隆昌市相连。

2014 年，泸县辖 1 个街道（玉蟾街道）；19 个镇（福集镇、玄滩镇、嘉明镇、喻寺镇、得胜镇、牛滩镇、兆雅镇、太伏镇、云龙镇、石桥镇、毗卢镇、奇峰镇、潮河镇、云锦镇、立石镇、百和镇、天兴镇、方洞镇、海潮镇）。251 个行政村、43 个社区；县政府驻玉蟾街道。

泸县建筑物比较密集，结构类型较多，而其他地区人口稀少，结构类型简单。通过震害考察，系统地调查此次地震建筑结构的震害情况，包括土木结构房屋、砖木结构房屋、砖混结构房屋、框架结构房屋、框架剪力墙房屋等，分析结构震害特征，为房屋抗震性能改进研究和地震韧性城乡建设等提供更多数据基础。

（一）目标与任务

开展地震现场结构破坏和非结构破坏的系统性调查，分析震害破坏机理，提出校核与修订灾区地震区划图、服务韧性城乡建设的政策策略与科技建议。收集灾区震前震后高分卫星，开展建（构）筑物、生命线工程和基础设施类型、震害程度及受次生灾害影响情况的现场遥感对比调查，进行典型破坏区域低空无人机数据获取，对部分建（构）筑物等典型破坏场景进行精细三维数据地面采集，获取遥感地震灾害分布图像，震害遥感识别、遥感定量评估、地震烈度评估与损失评估等。

（二）工作团队

该专题由中国地震局工程力学研究所牵头，中国地震局地震预测研究所、四川省地震局参加。

组长：孙柏涛。

副组长：林均岐。

成员：孙柏涛、林均岐、陈洪富、陈相兆、刘金龙、王现伟。

（三）科考实施过程

2021年9月16日04时，四川泸县6.0级地震发生后，孙柏涛、林均岐两位研究员第一时间赶赴灾区现场，开展地震现场工作，参与了地震烈度评定与损失评估工作，同时也收集了灾区大量的现场房屋等结构破坏数据资料，为下一步的科考工作打下了良好的工作基础。随着地震现场应急工作的结束，为深入研究地震孕育发生演化过程，强化震情趋势研判的科技支撑，根据中国地震局地震科考工作机制，立即组织专家赴现场开展地震科考，本专题由中国地震局工程力学研究所牵头，中国地震局地震预测研究所和四川省地震局等单位参与实施。中国地震局工程力学研究所主要利用现场调查的数据。

二、现场工作

因新冠肺炎疫情，中国地震局工程力学研究所人员不得赴灾区开展现场考察工作，故现场工作仅限孙柏涛及林均岐两位研究员在地震应急期间的工作内容。

三、数据获取情况

本次调查共收集到9月16—18日三天的现场调查资料，包含50多个调查点的数据及照片。

（一）土木结构

土木结构的建筑是我国古代房屋的主要结构形式，当时由于生产技术水平低下，没有办法生产出大量的水泥、钢筋来满足人们的房屋需求，而土木结构所需要的材料在全国各地均可轻易得到，这也是土木结构广泛被人们所接受的原因。直到20世纪90年代末期，土木结构在中国的广大农村地区仍然广泛分布着。建造材料主要有竹子、木材、夯土、稻草、干草、土坯砖和瓦等。不同地区、不同民族的土木结构房屋的建造特点具有很大的不同，导致土木结构房屋的抗震能力也存在很大的差异。但目前现存的土木结构房屋已经非常稀少，一般不超过5%。

通过调查，发现本次地震中，土木结构房屋的主要破坏形式有：屋顶局部坍塌、房屋出现梭瓦、墙体多处开裂、墙角呈现贯穿裂缝、房屋承重墙出现鼓包外闪，局部有拉张裂缝等。

1. 广顺街道天常村调查点

位置：105.522123°E、29.373807°N。总户数 1346 户，户籍人口 4090 人，常住人口 1700 人，全村主要结构类型为砖混为主，其中砖混占比 95%，砖木结构占比 5%，人均建筑面积 60m²，砖混结构极少数抹灰层开裂，土木房屋顶局部梭瓦，有一处院坝堡坎垮塌，人员震感强烈，初步判定烈度为6度弱。广顺街通天常村调查点实景如图 8-1、图 8-2 所示。

2. 泸县毗卢镇百合村一组

位置：105.66952816°E、29.26078341°N。总户数户，总人口约 110 户，人口约 320 人，全村主要结构类型为砖混为主，其中框架结构占比 5%，砖混占比

图 8-1　土木结构房屋索瓦

（广顺街道天常村）

图 8-2　土木结构房屋墙体开裂

（广顺街道天常村）

65%，砖木结构 20%，土木结构 10%，人均建筑面积 40m²，框架结构基本完好，砖混结构个别有裂缝，土木结构房屋裂缝加宽，房屋有梭瓦，初步判定烈度为 6 度弱。毗卢镇百合村实景如图 8-3～图 8-5 所示。

（二）砖木结构震害

砖木结构在灾区也是一种常见的结构形式，而且存在一定数量的砖木结构房屋还有人居住的情况。当地的

图 8-3 土木结构房屋墙体开裂
（泸县毗卢镇百合村）

图 8-4 土木结构房屋索瓦
（泸县毗卢镇百合村）

图 8-5 土木结构房屋墙体开裂、索瓦破坏（泸县毗卢镇百合村）

砖木结构房屋大多采用18cm厚的砖墙体，石灰砂浆，建造质量比较差。砖木结构由建筑物中竖向承重结构的墙、柱等采用砖或砌块砌筑，楼板、屋架等用木结构。砖木结构建造简单，材料容易准备，费用较低，通常用于农村的屋舍、庙宇等。这种结构的房屋在我国中小城市中非常普遍。它的空间分隔较方便，自重轻，并且施工工艺简单，材料也比较单一。但它的耐用年限短，设施不完备，而且占地多，建筑面积小。受力学工程与工程强度的限制，一般砖木结构是平层。

1. 泸县喻寺镇谭坝村2组

位置：105.4025°E、29.2088°N；海拔：245m。全组共136户，400人左右，主要以砖混为主，不设防占70%，设防占10%，土坯房占10%，砖木10%，设防砖混基本完好，个别不设防砖混有穿透性裂缝和女儿墙倒塌，大多数土坯房局部坍塌。参考烈度7度（图8-6）。

图 8-6 砖木结构房屋墙体开裂、倒塌，屋架掉落（喻寺镇谭坝村2组）

图 8-6 砖木结构房屋墙体开裂、倒塌，屋架掉落（喻寺镇谭坝村2组）（续）

图 8-7 砖木结构房屋屋面破坏
（隆昌市普润镇兰家田村）

2. 隆昌市普润镇兰家田村调查点

位置：105.3504383°E、29.4409730°N。总户数为1094户，总人口为3697人，全镇主要结构类型为砖混为主，其中砖混占比为84%，土木占比为1%，现浇占比为15%，人均建筑面积为45m²。砖混和土木房屋基本完好，有7户砖混房屋有墙体开裂和屋顶掉瓦，有3处水泥路基下沉和路面破损，初步判定烈度为6度弱。隆昌市普润镇兰家田村实景如图8-7所示。

（三）砖混结构震害

砖混结构是指建筑物中竖向承重结构的墙、柱等采用砖或者砌块砌筑，横向承重的梁、楼板、屋面板等采用钢筋混凝土结构。也就是说，砖混结构是以小部分钢筋混凝土及大部分砖墙承重的结构。砖混结构是混合结构的一种，是采用砖墙来承重，钢筋混凝土梁柱板等构件构成的混合结构体系。适合开间进深较小，房间面积小，多层或低层的建筑，对于承重墙体不能改动。砖混结构建筑的墙体的布置方式如下：横墙承重、纵墙承重、纵横墙混合承重、砖墙和内框架混合承重、底层为钢筋混凝土框架，上部为砖墙承重结构等类型。

砖混结构是灾区分布最为普遍的一种结构，当地的砖混结构房屋大多采用18cm厚的砖墙体，石灰砂浆，建造质量比较差，故在此次地震中破坏的比较严重。

1. 方洞镇新联村14组

位置：105.4341°E、29.2477°E。海拔为283m。全组共133户，437人，主要以砖混为主，不设防占80%，设防占10%，砖木占10%，房屋基本完好，周边房屋基本完好，一座砖混房屋三楼出现穿透性斜向裂缝，一楼和二楼基本完好，如图8-8所示。

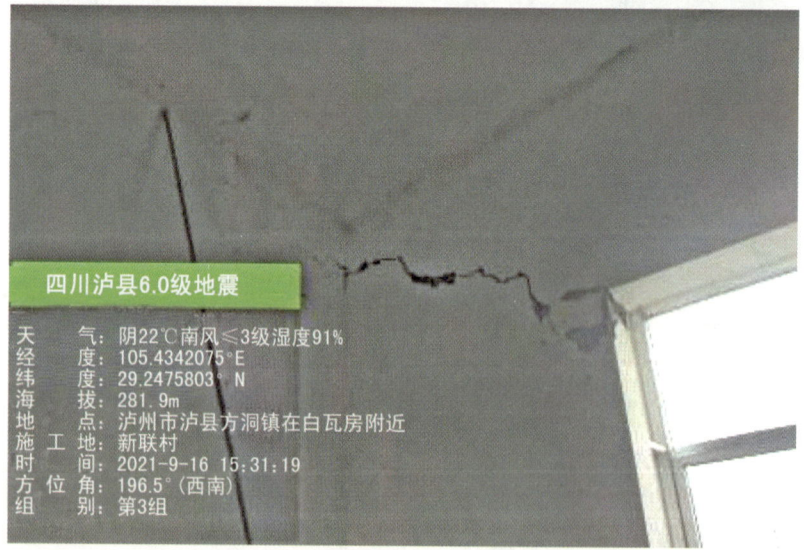

图8-8 砖混结构房屋墙体开裂（方洞镇新联村）

2. 隆昌市云顶镇金墨湾社区

位置：105.28933°E、29.24158°N；海拔为330m。总户数为380户，总人口为1500人；主要结构类型为框架、砖混，有个别老旧砖木和土木结构（已不住人），其中框架占比30%，砖混占比65%，土木（砖木）占比5%，砖混结构户均建筑面积约

120m²，土木结构户均建筑面积约80m²。如图8-9所示，个别框架结构房屋填充墙开裂、墙皮脱落、预制楼板开裂；少数砖混房屋墙体开裂、楼梯间局部歪闪、女儿墙局部塌落；个别简易结构房屋木屋架屋脊错位、梭瓦、掉瓦、墙体开裂。参考烈度6度。

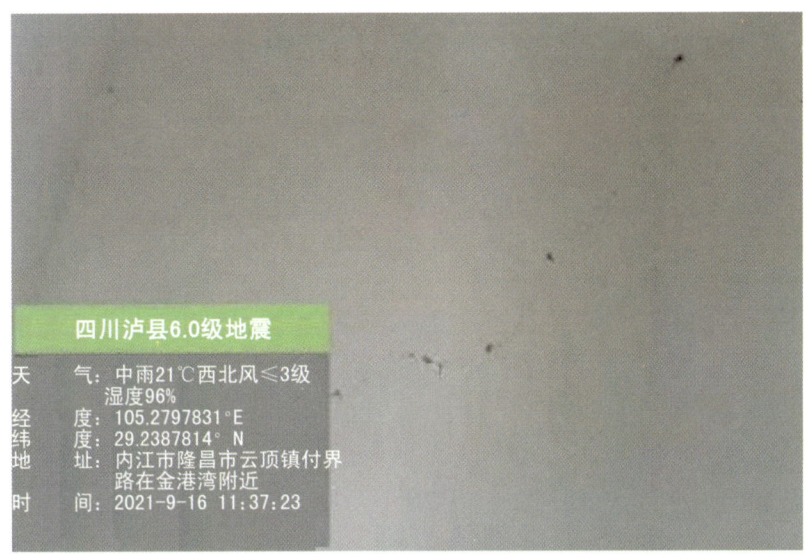

图8-9　砖混结构房屋墙体开裂、地板裂缝、女儿墙破坏、罗马柱掉落

（四）钢筋混凝土结构房屋震害

钢筋混凝土框架结构在灾区所占的比例还不是太高，大多数为近10年内建造的新建房屋，一般用于公共建筑、办公室、写字楼等，在此次地震中破坏比较轻微，大多数为填充墙开裂，外墙瓷砖脱落严重，窗玻璃破碎，墙体与梁柱交界处的裂缝、女儿墙开裂等。

1. 隆昌市云顶镇金墨湾社区

如图8－10所示，个别框架结构房屋填充墙开裂、墙皮脱落、预制楼板开裂；少数砖混房屋墙体开裂、楼梯间局部歪闪、女儿墙局部塌落；个别简易结构房屋木屋架屋脊错位、梭瓦、掉瓦、墙体开裂。参考烈度6度。

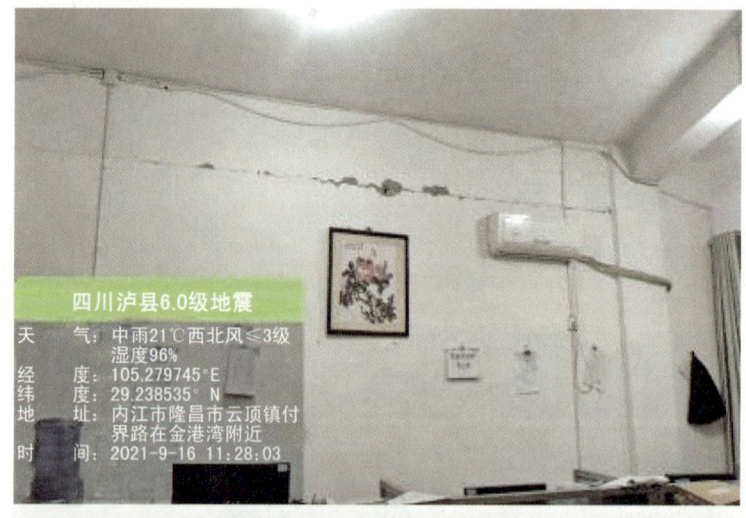

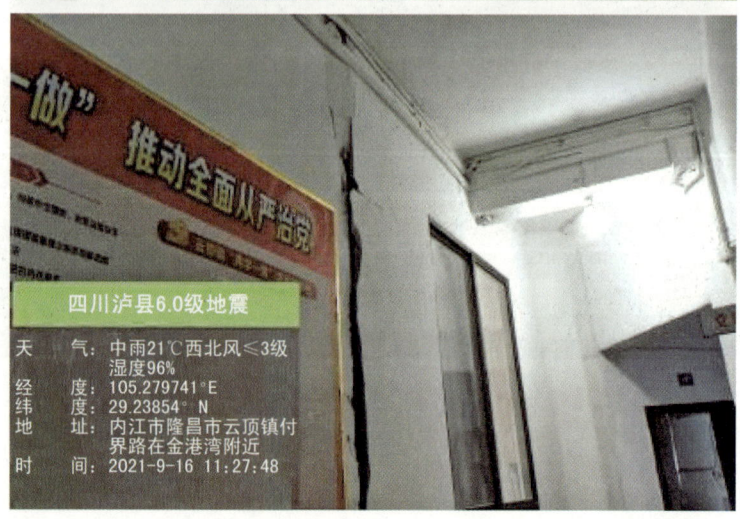

图8－10　钢筋混凝土结构房屋墙体纵横裂缝（隆昌市云顶镇金墨湾社区）

2. 隆昌市嘉明镇秀水社区调查点

位置：105.33897°E、29.26096°N；海拔为 330m。总户数为 1200 户，总人口约 9000 人；主要结构类型为框架、砖混，有个别老旧砖木和土木结构（已不住人），其中框架占比 20%，砖混占比 75%，土木（砖木）占比 5%，砖混结构户均建筑面积约 120m^2，土木结构户均建筑面积约 100m^2。如图 8-11 所示，个别框架结构房屋填充墙开裂、墙皮脱落；多数砖混房屋墙体裂缝、个别女儿墙局部塌落；个别简易结构房屋屋面梭瓦、掉瓦、墙体开裂。1 人轻伤（屋顶装饰件掉落砸伤），参考烈度 6 度。

图 8-11 钢筋混凝土结构房屋墙体纵横裂缝、楼梯间及伸缩缝开裂

图 8-11 钢筋混凝土结构房屋墙体纵横裂缝、楼梯间及伸缩缝开裂（续）

四、研究分析成果和新认识、新发现

通过对调查结果的分析，总结本次泸县地震中各类房屋结构地震破坏特点，土木结构房屋的主要破坏形式有：屋顶局部坍塌、房屋出现梭瓦、墙体多处开裂、墙角呈现贯穿裂缝、房屋承重墙出现鼓包外闪、局部有拉张裂缝等。砖木结构的破坏形式有：墙体开裂、局部倒塌、屋架掉落、装饰破坏等。砖混结构房屋的主要破坏形式有：墙体开裂、局部倒塌、地板裂缝、女儿墙破坏、楼梯间开裂、罗马柱掉落、饰面破坏等。钢筋混凝土框架结构的破坏形式主要有：填充墙开裂，外墙瓷砖脱落严重，窗玻璃破碎，墙体与梁柱交界处的裂缝、女儿墙开裂等。

主要结论如下：

（1）本次地震发现灾区很多老旧砖混结构的抗震能力很差，受到的地震破坏很严重，说明当地的砖混结构在结构构造、建造过程、建筑材料等方面还存在很大的不足之处。

（2）合理设置圈梁构造柱的砖混房屋展现出较好的抗震性能，震害普遍较轻。

（3）填充墙与框架连接处水平和竖向通缝较为普遍，个别平面不规则框架结构的填充墙损伤较重。

（4）女儿墙的破坏比较普遍，需要进行加固。

（5）围墙的倒塌很多，并且由此造成人员伤亡，应该引起注意。

五、小　结

本次地震中砖混结构的破坏比较严重，与之形成对比的是云南漾濞地震中砖混结构几乎没有损伤，同时云南漾濞地震的震级还高于泸县地震，这其中的原因值得深入研究。本次收集的大量砖混结构房屋破坏数据可以作为基础资料开展研究。